手绘版

植物塑造的
人类史

烤肉还是烤土豆

史　军◎著

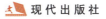

中国出版集团有限公司
China Publishing Group Co., Ltd.

现代出版社

图书在版编目（CIP）数据

烤肉还是烤土豆 / 史军著. -- 北京 : 现代出版社,
2025. 5. -- (手绘版植物塑造的人类史). -- ISBN 978-
7-5231-1323-3

Ⅰ. Q94-49

中国国家版本馆CIP数据核字第2025ZC5999号

烤肉还是烤土豆（手绘版植物塑造的人类史）

KAOROU HAISHI KAOTUDOU（SHOUHUIBAN ZHIWU SUZAO DE RENLEISHI）

著　　者	史　军

选题策划	申　晶
责任编辑	申　晶　滕　明
责任印制	贾子珍
出版发行	现代出版社
地　　址	北京市安定门外安华里504号
邮政编码	100011
电　　话	(010) 64267325
传　　真	(010) 64245264
网　　址	www.1980xd.com
印　　刷	北京瑞禾彩色印刷有限公司
开　　本	710mm×1000mm　1/16
印　　张	9.5
字　　数	91千字
版　　次	2025年5月第1版　2025年5月第1次印刷
书　　号	ISBN 978-7-5231-1323-3
定　　价	42.00元

谨以此书献给塑造我身体的父母
和塑造我生活的妻子

目录

序章

人类和植物，
谁塑造了谁？

这本书的源头其实是我在北京师范大学进行的一次演讲活动，当时的演讲主题是"叶片上的中国"。2012年夏天，那个时候，《舌尖上的中国》还没有大火。在演讲中我与在场的朋友分享了关于竹子、水稻和黄豆的故事。毫无疑问，这些植物影响了今天中国人的方方面面，《新华字典》中带"竹"字头的汉字有365个，米饭是中国人共有的主食，更不用说豆腐烹饪是中国人特创的味道。然而，在那些分享之后，更多的问题出现在了我的脑海之中，是中国人选择了这些特别的植物，还是这些特别的植物成就了璀璨夺目的中华文化呢？

就在那时，我再次细读了贾雷德·戴蒙德的《枪炮、病菌与钢铁》，深深为其中"地理因素影响人类世界"的观点所折服。我忽然发现一个有趣的事情，人类身体、文化、社会的演化是完全随机的过程，还是有着必然的趋势，这个问题的答案并不在人本身，而在那些经常被忽略的绿色植物身上。

人类的形态、食物、文字、贸易、社会组织结构其实都来自相关的植物，人类改变植物为己所用，而人类也被植物改变着，从促使人类定居的小麦和水稻，到改变世界的胡椒和马铃薯，再到牵动世界贸易神经的大豆，植物的力量显而易见。

在了解这个宏大的故事之前，我们需要去了解一些演化的基本理论，自然选择过程中的效率问题，从泛化到专一的演化问题，以及演化的潜力。

从非生即死到效率优先

　　谈到演化和发展，总有一个词会被人们挂在嘴边，那就是"优胜劣汰"，并且这个理论经常被归结到达尔文身上。查尔斯·达尔文的《物种起源》不仅被奉为生物学的《圣经》，还被很多朋友当作指导社会生活的宝典，但如果你是这样想的，那就大错特错了。以上这种用于解释社会强调优胜劣汰的理论，被称为社会达尔文主义。这其实是对达尔文演化理论的经典误读。

　　在达尔文的理论中，压根就没有优胜劣汰这个词语。达尔文理论的核心概念包括"过度繁殖""生存竞争""自然选择"三个基本的概念。在这个理论中，过度繁殖是一切的基础。如果每一头雌象一生（30～90岁）产崽儿6头，每头活到100岁，而且都能进行繁殖的话，那么到750年以后，一对象的后代就可达到1900万头。即便是繁殖能力低下的大象，如果不受限制地繁殖，也能够在可见的地质年代中覆盖满地球。这种情况没有出现，就是因为生存竞争，且不说那些虎视眈眈的狮子，单单是长颈鹿和瞪羚这些食草动物也是大象繁殖的竞争者。最终，自然选择就像是一个从沙子里面筛石头的筛子，只负责留下那些能适应环境的物种或者个体，而其他物种终将消失在演化的漫漫长河中。归结一句话就是，这个世界上的物种根本就没有优劣之分，只有适应和不适应环境的差别。

当然，适应环境并不是一个简单的二选一的题目，生物繁殖的效率高低是更为关键的因素。举个简单的例子，假设有 A 和 B 两个拥有共同祖先的相似物种，它们生活在完全相同的环境中，繁殖和生长都完全一致，只是 A 物种的繁殖成功率比 B 物种高 10%，在 A 物种和 B 物种起始数量一致的情况下，只要短短的 12 代繁殖，A 物种的种群数量就可以达到 B 物种种群数量的 3 倍以上。即便 A 物种和 B 物种一年只繁殖一代，那也只要短短的 100 年时间，A 物种就可以完全把 B 物种的地盘抢到手。

在自然界中，这种繁殖效率的差异比我们想象的要小得多，但纵使只有 1% 或者 1‰ 的稳定差别，在漫长的演化事件中也会积累起可见的差别。在自然界的竞争中，这种以繁殖效率为核心的竞争，远比"你死我活"的竞争要常见。

从泛化到特化

在这个竞争适应环境速度的过程中，众多生物都做出了相应的改变。从泛化到专一性，这是生物演化的基本趋势。举个最简单的例子，最初我们进入学校的时候，大家都在学习同样的课程，只要接受基础教育，我们就有了适应普遍性工作的基本谋生手段，比如餐厅的服务员可能要同时承担收银、保洁、收发快递等任务。当然，也可以选择更为特别的发展方向，比如理科或者文科；随后选择自己的专业和研究方向，比如生物学；进而选择自己的职业，比如开发收银系统，生产和维护自动售卖机，甚至是去开发收银计算机所需要的芯片。这个过程，就是从泛化工作到专一性工作的变化，其实在生物演化过程中也有类似的趋势，这种现象就是从泛化到特化的趋势。

每一个物种的生存原则与我们每个人生活的原则非常相似，就是找到适合自己谋生的手段，并且努力适应环境。泛化和特化的实例在自然界同时存在，就拿传粉系统来说，很多植物选择了来者不拒的泛化传粉系统，所以我们在一朵盛开的向日葵上能看到蜜蜂、食蚜蝇和蝴蝶，它们都能成为潜在的传粉者，为向日葵搬运花粉，当然这些传粉动物也会去不同的花朵上瞎逛，这样就意味着很多花粉被蹭到了错误的地方，这样的传粉效率自然是大打折扣了。

当然也有很多物种选择了特化的生活方式。最典型的案例就是兰科植物与动物之间的关系，很多兰科植物选择了特定的昆虫来为自己传播花粉，提高繁殖成功率。比如，澳大利亚的雕齿槌唇兰（*Drakaea glyptodon*），就是利用花朵模拟雌性槌唇兰蜂（*Zaspilothynnus trilobatus*）来吸引雄性槌唇兰蜂。雄性槌唇兰蜂会不断上当受骗，在这些无法完成交配的假女友之间穿梭，在这个过程中完成定向传播花粉的任务，这不仅大大节约了花粉，并且那些被骗的槌唇兰蜂还有可能因为慌张飞到更远的地方，从而为兰花增加了基因交流的机会，也创造出了更多的基因组合。比较这样的效率差别，从泛化到特化的趋势也就不难理解了。

值得注意的是，我们通常所说的环境只是水分、土壤、空气、温度和光照这些非生物环境。实际上，在生物演化过程中，生物也是非常重要的环境。在漫长的演化过程中，人类对植物进行了筛选，也相当于植物选择了人类，这是一个动物与植物相互驯化的过程。

没有回头路的演化之路

除去上面两个方面，还有一个重要的概念就是，物种演化的潜力和发展的单向性。简单来说，所有的生物包括文明都是在既有的道路上进行完善和改造的，并没有简单的回头路可走。

如果没有深入了解演化概念，我们就会自然而然地把演化想象成一个用橡皮泥捏泥塑的过程，一旦发现不合适就会重新搓揉成团，一切都从头再来。但是真实的情况并非如此，演化只能在现有的基础上进行修补，并没有退回到起始点这个选项。比如，重新进入海洋的哺乳动物——鲸，并没有重新装备适合水中呼吸的腮，而是拥有了可以开闭的呼吸孔和长时间不交换氧气的肺。

对大多数物种而言，适应特定环境的演化结果，就像是站在某个山峰的顶端，这些顶端遥遥相望，却是可望而不可即。比如说猎豹和海豚分别是陆地上和海洋中速度最快的猎手，但是它们是无法对调位置的，如果说猎豹入水勉强还能狗刨一下，那么海豚上岸就只有死路一条了。在演化到适应特定的生活环境之后，这些物种就很难再做出改变。

同样地，在《餐桌植物简史》一书中，作者约翰·沃伦也对作物的发展做出了相似的论断，在人类驯化作物的过程中，总是会基于手头已经有的作物进行改进工作，即便是还有很多更有发展潜力的物种，或者这些物种有着其他更有潜力的发展方向（比如蔬菜变成油料作物），但是这样完全改变的事件很少发生，就是因为演化的单向性在人类育种工作中依然存在。简单来说就是，在这个工作中，不仅是人类认定了植物，植物也同时绑架了人类。

在了解这些基本的演化生物学概念之后，我将带大家一起去重温那段由植物和人类一起书写的特别历史。

汉代画像砖上的《莨草播种图》

在人类育种工作中，不仅是人类认定了植物，植物也同时绑架了人类。

第一章

站起来走出非洲

从非洲走出的人类祖先可能做梦都没有想到，一个小小的族群竟然成为地球上最成功的物种之一。当然，他们也不会知道自己成功的原因——超强的耐力和近乎神奇的投掷能力。这一切都建立在直立行走的基础上。

　　2019 年的春节，我再次拜访肯尼亚的马萨伊马拉大草原和乞力马扎罗山。受全球变暖的影响，乞力马扎罗山的雪顶已经很难看到。但是广阔无垠的草原，点缀其间像巨型天线的平顶金合欢，穿梭于水源地和山坡之间的大象，蛰伏在灌木丛中的狮子，拼命从马拉河中挣脱的角马大军，仍然让这里成为梦幻的旅行目的地。

　　作为随行的专家领队，我又一次来到这片神奇的土地，带领队员们进行为期两周的游猎之旅。游猎这个词的英文单词是safari，本意是英国人在非洲进行的一种娱乐项目——乘车猎杀当地的野生动物，特别是猎杀狮子。在 19 世纪末到 20 世纪初，肯尼亚仍然是英国殖民地的时代，这种项目一度非常流行。从老派酒店"肯尼亚山狩猎俱乐部"墙壁上悬挂的老照片和动物标本中，我们似乎还能听到当年的枪声。

　　时过境迁，我们今天来到这片土地上进行游猎之旅，已经不可能再对野生动物刀枪相向，因为捕猎野生动物已经成为被严格禁止的行为。导游小赵开玩笑说："之前西方人是用枪来safari，我们今天是用相机来游猎了。"即便如此温和的游猎也附加了严格的限定和规则，在没有特殊情况或者特别允许的情况下，车辆只能沿着限定好的道路行驶，不能随意下车，不能随意投喂动物，更不能惊扰动物的捕猎行为。我想，我们的智人祖先怎么都不会想到，当他们的后代在 2 万年之后回到自己老家的时候，完全没有了当年的自由。

但是有些人并不受这些规则的限制，那就是马萨伊人。这些热衷于在保护区检票处向我们兜售工艺品的可爱朋友，有着与这个世界割裂的生活状态。在游猎途中，我们经常可以看到，身着红衣的马萨伊人独自走在一望无垠的草原之上，没有背包没有行囊，只有一根长棍在手，赶着他们的牛群行走在天地之间。如果有牛脱离队伍，放牛人就会抓起地上的石块，精准地砸中那个不老实的家伙。如果我们不是盯着他们看，只是转眼的工夫，人和牛群都已经消失在目力不及的地方。

看着牧牛人远去的身影，不难想象那些走出非洲去向世界各地的智人祖先，大概也是迈着沉稳有力的步伐从这里启程的。

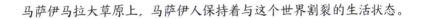

马萨伊马拉大草原上，马萨伊人保持着与这个世界割裂的生活状态。

人类祖先有何看家本领？

　　我在思考一个问题：站在车里的游客，以及用各种长焦镜头瞄准猎豹和狮子的我们，还有没有人类祖先那样精准的投掷石块的能力？还能不能离开车辆走回住处？

　　大多数现代人已经忘记了，精确投掷和长距离奔跑是人类祖先赖以为生的两个看家本领。仍然在这片土地上生活的马萨伊人，凭借人类最基本的技巧，过着无拘无束的生活。

　　如果你是第一次听到上述说法，第一反应一定是不屑一顾吧。把用过的纸巾团成团扔进废纸篓，或者为了赶上末班车回家，一口气从办公室冲到地铁站，这些对于我们每个人都并非难事。但正是这两个看家本领，让人类祖先有了驾驭自然的能力。

　　先说投掷，看起来是个 3 岁小孩儿都能完成的动作，但是要想让机器人完成这个动作并不容易。2019 年，日本丰田公司成功研发了一款投篮机器人。这种名叫 CUE3 的机器人，身高 2.07 米，通体黑色，配备传感器、马达、摄像头等装置。CUE3 擅长投掷中圈超远三分球，即使隔着半个篮球场投篮，也能百发百中。

CUE3 机器人的精湛技艺完全得益于传感器和计算能力的爆炸性发展，30 年前的科学家怎么也不会相信，这一天竟然如此快地到来了。值得注意的是，机器人的行为是建立在精确计算的基础上的。在投掷之前，机器人就利用图像传感器建立起了一套空间模型，并且根据篮球和篮筐的对应位置给出相应的投掷方案。在中学物理课上，我相信大家都被各种抛物线问题折磨过，能量、速度、角度、重力加速度和空气阻力都会影响投掷物品的运行轨迹。

但是，人类的投掷行为显然不是建立在精密计算的基础上的，我们在投掷之前，并没有获得精确的距离数据，在投掷之时也没有进行确切的弹道估算，然而，投出的纸巾总会划出优美的弧线落入废纸篓。你能说这不是一个神奇的行为吗？

精准投掷毫无疑问要归功于直立行走这件事。如果没有直立行走，我们的双手就无法解放出来，那么精准投掷就是空谈。再来看人类的近亲黑猩猩和倭黑猩猩，虽然它们有使用工具的能力，比如用树枝钓蚂蚁，用嚼碎的树叶当"海绵"从树洞里吸水喝，甚至可以用树枝做成的武器来叉中猎物，但是，它们很少用投掷的方法来对付猎物或驱赶猛兽。如果你在动物园的笼舍边上被黑猩猩用粪便砸中，那么恭喜你，"猿粪"（缘分）到了。

除了精准投掷能力，人类长距离奔跑的能力更是让人吃

精确投掷和长距离奔跑是人类祖先赖以为生的两个看家本领。

惊。人类祖先之所以能在生物界扬名立万，最初靠的不是聪明而是奔跑。当我的好友——科学松鼠会的张博然给我讲述这个理论的时候，我还充满了怀疑，但是随着讲述的深入，我越来越认同这个理论。

连小朋友都知道，人类奔跑的最高速度远远不及猎豹。人类奔跑的最高速度是 45 千米/小时，而猎豹的速度可以达到 120 千米/小时。但是很少有人知道，在长距离运动方面，猎豹就是个"战五渣"，而人类才是这个项目中的真正王者。猎豹的冲刺只是短暂的爆发，在 15 秒钟左右。人类则大不相同，长跑运动员可以用每小时 20 千米的速度一连奔跑十几千米。

从 1980 年开始，每年 6 月在威尔士都会举办"人马马拉松"，人和马同场竞技跑完 35 千米的距离。2004 年，休·罗布以 2 小时 5 分 19 秒的成绩，第一次跑赢了参赛马。注意，休·罗布并不是最顶尖的人类长跑者。另外，把赛程定为 35 千米是考虑到马匹的生理极限，如果赛程更长，赛马就会受伤；而在一般的马拉松比赛中，参赛者则要跑 42 千米，这甚至还不是人类运动的极限。

体毛稀少、小汗腺发达为人类带来了更好的散热能力，大脑主动分泌内啡肽是很多人喜欢跑步的原因，这些都是人类进行长距离奔跑的有利因素，但是毫无疑问，长距离的奔跑也是建立在直立行走的基础上的。在持续奔跑这个比赛项目中，人类理论上甚至可以跑赢世界上所有的四足动物，更不用说我们

的灵长类亲戚了。

不管是精确投掷，还是长距离奔跑，人类祖先的这些看家本领都不是人类直立行走的根源，反倒是直立行走之后出现的衍生技能。

直立行走是如何出现的？

我在本书序章中提到演化的基本理论时说过，生物的改变并非只有生或死两个选项，迫使生物改变的原则是适应，而适应一切的核心是效率。在人类祖先适应环境的过程中，首先要解决的问题就是如何提高获取能量的效率，请大家务必记住这一点，因为整部人类的历史就是围绕提高能量获取效率展开的，而直立行走就是提升效率的第一个台阶。

关于人类祖先是如何开始直立行走的，有一个假说是植被变化假说：因为气候变化，东非茂密的雨林变成了稀树草原，原来在树上栖息的人类祖先开始更多地在地面上行走，并且逐渐演化出了直立行走的特征。相信很多朋友都听过这个假说，这个假说在 21 世纪之前一度是生物学教材中的标准假说。这个假说似乎很有说服力，因为化石证据显示，几乎所有的古人类都生活在干旱或者半干旱区域，而热带森林形成的化石层却没有人类化石的影子。

然而，如果我们就此得出结论就太草率了。在这里不得不提一个理论，那就是幸存者偏差。在第二次世界大战中，盟军和德国进行了激烈的空战。经过对机身受损情况统计，工程师们发现在战斗机机翼上留下的弹孔特别多，飞行员座舱留下的弹孔最少，所以得出的结论是应该加强机翼部位的防护。这时，一名叫亚伯拉罕·瓦尔德（Abraham Wald）的英国统计学家站了出来，他指出更应该注意弹痕少的部位，因为这些部位受到重创的战机，很难有机会返航。事实正如亚伯拉罕所推测的，在加强了座舱和油箱防护之后，盟军战斗机的生存力大大提升了。

同样的道理，森林变草原并非人类开始直立行走的必然原因。因为在热带森林区域，由于物质循环速度极快，在大量食腐动物和真菌的作用下，人类祖先的遗骸很难形成化石。所以，仅仅是根据在这样环境中形成的化石少，就推测人类祖先是起源于稀树草原并不是一个聪明的结论。

实际上，直立行走的特征很可能在人类祖先从树上到地上之前就已经成熟了。这一特征帮助人类祖先拓展了生活空间，让它们更好地生活在萨瓦那草原上，而他们在进入草原活动之前，早就有了直立行走的能力，并且这种能力的获得与采集植物性食物有关。

然而，要想生存下去，就需要在有限的时间内找到更多高热量的食物。

吃肉还是吃素？

与描述直立行走的起因类似，在 21 世纪之前的很多生物学教材中，把吃肉描述成人类之所以成为人类的关键动作。然而，我们似乎对于祖先的食谱过于乐观了。越来越多的证据显示，人类祖先吃肉的常规行为大概是从 200 万年之前开始的，而在此之前的 400 万～500 万年时间里，肉类并不是人类食谱的重要组成部分。通过化石比较研究，人类祖先的近亲南方古猿粗壮种甚至是以草为主要食物的物种。再来看我们现存的灵长类亲戚，在大猩猩的食谱中，几乎 100% 都是植物；而在黑猩猩的食谱中，素食也占了 90%；处于狩猎采集状态的人类部落，素食占到 70% 以上。由此想来，我们人类祖先的食物组成也好不到哪里去。

跟原有的"吃肉变人"的理论完全相悖的真实情况是，人类祖先是靠吃叶子来维持生命活动的。其实要理解这个现象很简单。森林里什么最多？当然是叶子。花儿不常开，果子不常有，但是叶子随时随地都是满满当当的。可是，叶子的热量实在是太低了，100 克圆白菜的热量只有 24 千卡，100 克大白菜的热量只有 12 千卡，100 克生菜的热量只有 14 千卡，这些还不如一颗巧克力豆提供的热量多。如果以叶子为食，每天要做的工作就是吃吃吃。所以，我们的灵长类亲戚一天到晚都在吃吃吃，完全吃素的大猩猩一天大概有 1/3 的时间在嚼叶子。没办法，谁让叶子的热量太低呢？

问题分析到这里，矛盾出现了。我们都知道人类的大脑是一个高耗能的器官，在静息状态下，大脑这个只占人体体重 5% 的器官，却要消耗 20% 的能量。更麻烦的是大脑还很挑食，它的食谱里只有葡萄糖这一个选项。这也就意味着人类祖先需要大量的能量供给，解决办法之一就是不停地进食。如果想要靠大白菜满足一天所需，看看要吞下去的那一大堆叶子，就会让人头大得很了。所以人类的大脑在这件事情上要了一个小花招，那就是把新鲜叶子的口感定义成好口感。为了让我们的身体获得足够的能量，大脑会拼命地催眠，"这是好吃的，多吃点吧，再多吃点吧"。于是人类就可以开心地吃下叶子了。

顺便一提，还有科学家认为，我们人类都喜欢吃各种酥脆的食物——比如冰激凌脆筒、烤乳鸽的脆皮——那是大脑遗留下来的花招，因为新鲜的植物叶片和昆虫的外壳都有酥脆的口感。是不是想想都会倒胃口？但是，这就是演化在我们身上留下的印记。

直立行走竟然是为了摘果子?

即便大脑催眠让人类可以忍受粗糙的食物,但获取食物的热量也是有极限的。这种能量极限带来的结果就是体形和大脑神经元数量的极限。2012 年,巴西里约热内卢的科学家卡林娜·丰赛尔·阿泽维多和苏珊娜·埃尔库拉诺·乌泽尔在美国科学院院报上发表了一篇文章,分析了人类祖先和类人猿在体形与大脑神经元数量上的权衡关系。结果发现,在获取食物热量恒定的情况下,身高和大脑神经元数量存在此消彼长的关系,简单来说,就是在吃下去的东西总量固定的情况下,长了个子就没办法长脑子,或者长了脑子就没办法长个子。要注意的是,大脑消耗的能量可是惊人的!

为了给身体和大脑提供足够的能量,不同灵长类动物每天的平均进食时间都很长:狒狒为 5.5 小时,黑猩猩为 6.8 小时,红毛猩猩为 7.2 小时。通常来说,从唾手可得的食物(比如南方古猿啃的草)中获得的热量是非常有限的,只有不断延长进食时间,才能增加热量供给。然而,即便是灵长类中的吃饭劳模大猩猩,每天的平均进食时间也只有 8 个小时。如何把所获能量分摊给身体和大脑就成了一个难以解决的问题。

有趣的是，人类大脑似乎跨越了这个限制，人类不仅拥有所有灵长类动物中最大的大脑，并且在静息状态下，人类大脑会消耗 20% 的身体总能量，而我们的亲戚类人猿的大脑最多只会消耗 9% 的身体总能量。更重要的是，人类包括人类祖先显然并不是每天都在不停地吃吃吃，我们并没有在吃这件事上花费大猩猩那样漫长的时间。这是为什么呢？

就如同一台计算机，CPU 和显卡都是耗电大户，在电源功率一定的情况下，我们要么选择性能低的 CPU，要么选择性能低的显卡，当然，还有一个额外的选择，那就是更换一个性能更强劲的电源。

面对不断增长的大脑，一天到晚吃叶子是无法在根本上解决问题的。在时间没办法无限延长的情况下，提高单位时间内获取能量的效率，就成了人类祖先必须解决的重要问题。

要想提高效率，必须寻找更多热量更高的食物。在马来西亚的雨林中，我们能看到人类祖先的亲戚——红毛猩猩。聪明的红毛猩猩会跟随榕果、榴梿和其他植物果实的成熟时间，顺次拜访不同的果树。红毛猩猩会四仰八叉地躺在树杈上，时不时从旁边的枝条上摘下那些已经变红的榕果咀嚼。但是更多时候，它们会用上肢抓住头顶的枝条，下肢踩在树干上，方便快速采摘那些手臂可以触及的成熟果实。看到这样的场景，不难联想到当年人类祖先在树上生活时的场景。

　　毫无疑问，用双足行动可以解放上肢，让人类祖先在不同的果实资源之间移动，这样就能在尽可能短的时间内，获取尽可能多的果实和热量。正是这种行为，极大地促进了直立行走行为出现，至少让具有直立行走行为的个体有了更高的取食效率。而这种高效率带来的结果，就是这样的个体拥有更多的时间去做额外的事情：争夺领地、寻找配偶、关照后代，最终获得更多的后代。而直立行走基因就在人类祖先中大范围地扩散开来，并最终成为人类适应全球环境的"撒手锏"。

　　我们回到故事的开头，人类祖先能够有效狩猎，是基于投掷和奔跑的能力，而这两种能力其实都是直立行走带来的结果，而非原因。能够高效采摘植物果实更可能是直立行走基因出现的真正原因。从某种层面上说，植物的果实才是人类直立行走的真正源头，也是人类扩张至全球的真正原因。

　　然而，只是选择高热量的食物并不足以解决热量供给的问题，要想获取足够的热量还需要开发更多高热量的食物来源，这一需求直接推动了用火技术和工具制造的发展。当然，对于生活在非洲森林里的人类祖先而言，这些都是无法想象的神话了。

彩色视觉与开花植物有关?

在慢慢习惯直立行走的同时，人类祖先的植物食谱也在潜移默化地影响着人类的身体，进一步建立起了人类和植物的紧密联系。相信大家都有过这样的经历，在父母的威逼利诱之下，吃下了很多胡萝卜。

人类的夜行性祖先并没有强大的彩色视觉能力，只有适应夜晚活动的发达的暗视力。这些在夜晚出没的动物的视网膜上，满满的都是视杆细胞，这些棒子一样的细胞只能分辨光线的明暗。今天，我们在月光下仍然能看见一个黑白的世界，就是视杆细胞发挥作用的结果。

在 6500 万年前，发生了两个大事件，彻底改变了人类祖先的命运。一是称霸地球近 2 亿年的恐龙家族灭绝了，二是开花植物最终取代裸子植物成为新兴的植物霸主，整个世界都变成了花朵的海洋。

我们的祖先也有了新的生活，他们再也不用在巨兽的脚边偷偷摸摸地趁着夜色活动了，白天的世界充满色彩。开花植物的到来为世界带来了更多的色彩，叶黄素、胡萝卜素、花

从某种层面上说，植物的果实才是人类直立行走的真正源头，也是人类扩张至全球的真正原因。

青素更是把植物世界涂抹得五颜六色。这就好比电视机突然从黑白时代切换到了彩色时代，眼睛不够用了，的的确确不够用了。

人类祖先的眼睛要对付的可不是电视里的肥皂剧，而是生死攸关的大事。在演化的过程中，人类的祖先逐渐依赖于各种果实和嫩芽填饱肚子，这使得分辨颜色成为一种非常重要的能力。植物身上不同的颜色代表了不同的生长阶段，比如香椿鲜红色的嫩叶通常是有毒的警示标志，而红色的苹果果实则是成熟可食用的信号，只有那些善于选择正确食物的人类祖先才能避免摄入毒素，获取更多的营养。当然，他们也因此有更多的繁殖机会，把自己的基因传递下去，而这些基因也就深深地镌刻在了我们的遗传系统之中。

于是，在人类祖先中一些幸运儿获得了更大的生存优势，因为在它们的视网膜上出现了一些专门分辨色彩的细胞，这些细胞因为形似锥子得名"视锥细胞"。视锥细胞有几种，分别对黄绿色、绿色和蓝紫色的光最敏感，从而让人类有了完整的彩色视觉。

从夜行性到昼行性的转变，让人类也更依赖于特别的化学物质，那就是维生素 A 和 β - 胡萝卜素。我们的视网膜在白天会承受更强的阳光刺激，过多的能量带来了过多的自由基，这是夜晚活动的人类祖先所没有碰到过的。这些自由基具有强大的杀伤能力，而要对付这些炸弹般的化学物质，保证视网膜的

正常工作，就需要很多抗氧化剂。这也就是我们需要补充维生素 A 和 β - 胡萝卜素的原因。而这一切，在数百万年前，甚至数千万年前，人类的祖先开始选择果实作为食物的时候，就已经注定了。

总而言之，今天人类的形态与植物密不可分，毫不夸张地说，植物这位雕塑师傅在人类形体塑造这件事上投入了大量心血。然而，事情并没有完结，植物对我们的影响不仅体现在外貌形态上，我们的行为特点也是植物在数亿年前就已经设计好了的。

人类何时丢掉了合成维生素 C 的能力？

在接下来的日子里，人类习惯了植物叶子松脆的口感，而这些叶子也改变了我们的身体。人类把合成维生素 C 的能力给丢掉了，世界上的哺乳动物有 6000 多种，不能自身合成维生素 C 的屈指可数，我们人类就是其中之一，悲催不悲催？说到底，这件事还是跟食物有关系。既然每天吃的食物里都有充足的维生素 C，干吗还要浪费能量自己合成呢？

为什么植物会富含维生素 C 呢？传统的观点认为，维生素

C 可以帮助植物对抗干旱和强烈的紫外线，被认为是植物体内的"救火队员"。不过 2007 年英国埃克塞特大学的一项研究表明，维生素 C 对植物的发育具有更重要的作用，这种物质会消灭光合作用的有害产物。那些维生素 C 合成出问题的植物，竟然不能正常发育！

面对充足的维生素 C 储备，人类当然不用再费劲合成了。更准确地说，应该是那些放弃合成维生素 C 的个体，可以把能量更多地投入繁殖事业当中去，于是这个看似"有害"的突变，却成了某些个体的优势基因，并最终在人类中扩散。

当然，吃生肉也可以解决人体不能合成维生素 C 的问题，因为生肉中也富含维生素 C。理论上，人类祖先完全可以从生肉中获得足够的维生素 C，但是这样做会面对一定的风险，那就是感染寄生虫。要排除这一风险，就必须充分加热食物，如此一来就破坏了食物里的维生素 C。于是转了一大圈之后，人类还是需要在植物身上找到维生素 C。

史军老师说

虽然人脑重量大约只占人体总重量的 2%，却消耗人体 20% 的能量。这意味着我们的大脑不断地在"高功耗"运行。对人脑能量消耗的了解有助于我们更好地支持大脑的健康和功能，并通过合理的饮食和生活方式维持身体的能量平衡。

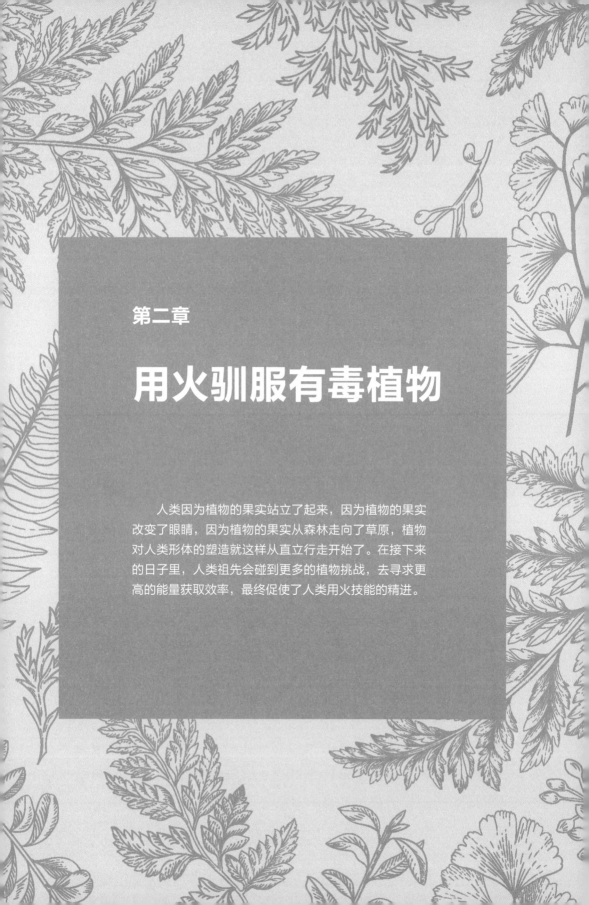

第二章

用火驯服有毒植物

人类因为植物的果实站立了起来，因为植物的果实改变了眼睛，因为植物的果实从森林走向了草原，植物对人类形体的塑造就这样从直立行走开始了。在接下来的日子里，人类祖先会碰到更多的植物挑战，去寻求更高的能量获取效率，最终促使了人类用火技能的精进。

　　在儒勒·凡尔纳的科幻小说《神秘岛》中有一个有意思的桥段，当一行人流落到荒岛之后，最想解决的就是取火的问题。他们从水手的衣服夹层中取出了仅存的一根火柴，最终点燃了篝火。就在大家看到生存希望的时候，潮水熄灭了所有的火种。这个时候，德高望重的工程师想到了一个好办法，他把两个机械表的表镜扣在一起，中间放上水，边缘用黏土封好，做成一个简易凸透镜，然后利用阳光点燃了火绒，让希望之火重新在林肯岛上燃烧起来。这也成为小队改造岛屿，创造奇迹的起点。还好当时的表镜是凸面的，不是今天流行的平面玻璃，要不然，这帮挑战者就真的要过上茹毛饮血的生活了。不管如何，这件事都告诉我们一个道理，有没有火是人之所以为人的重要问题！

　　在中学的政治课上，我们都学习过关于人类的经典论断，"人类之所以区别于其他动物，是因为人会制造和使用工具，以及会用火"。时至今日，使用工具这个区别早已不复存在，因为很多动物都会使用工具。黑猩猩会用枝条钓白蚁，用木棍砸开坚果；海獭会用石块砸开贝类外壳；有些聪明的乌鸦居然会利用十字路口来来往往的汽车轧开坚果，从而轻松地获取果仁。动物利用工具获取食物的能力，远比我们想象的要强大。但是主动用火这件事在其他动物身上并没有出现，有些鸟类确实会借着大火享用那些四散奔逃的昆虫，但是并没有一种动物能够主动获取和保存火种，更不用说熟练地使用火了。

　　毫无疑问，用火极大地拓展了人类的食谱范围，野猪狍子烤一烤，生蚝螃蟹烤一烤，有助于吸收营养。但是有观点认为，吃生肉对吸收肉类营养影响不大。那么，究竟是什么原因促使人类熟练用火呢？

有没有火是人之所以为人的重要问题。

人类为什么要用火呢？

在传统的有关人类用火的理论中，最受关注的就是烤肉理论。简单说来，关于人类为什么要用火，最多的解释是，从火烤熟的肉中摄取营养会更容易，多摄入的这些营养促进了人类大脑的发育，最终让人成为真正的人。但是事情真的如此简单吗？

直到今天，我们面对烧烤类食物的诱惑时，还是毫无抵抗力。看着烤架上滋滋冒油的烤肉，闻着弥漫开来的香气，嘴巴已经不自觉地充满了唾液，即便我们努力专注于聊天，但是目光也会不由自主地瞥向烤肉架。一切的一切都说明，我们的身体渴望烤肉，这种渴望早已经写在我们的基因当中。

我们已经知道，烤肉产生的绝大多数香气物质都来自美拉德反应，这是一类由糖和氨基酸在加热条件下产生丰富的香气物质的复杂化学反应。即便用精密的化学分析仪器，想要搞清楚美拉德反应的具体过程仍然很难，但是毫无疑问，我们至少可以确定，要发生美拉德反应，至少需要满足三个条件——充足的糖、氨基酸和高温。糖和氨基酸的重要性自然不用赘述，发生美拉德反应至少需要三个条件：充足的糖、氨基酸和高温。糖和氨基酸是人体活动需要的能量和物质基础，高温能清除有害的致病菌和寄生虫，还可以有效减少食物中的有害物质。

这是人体活动需要的能量和物质基础；而高温条件对于食物的安全性则至关重要，高温不仅可以清除致病菌和寄生虫，还可以有效减少食物中的有害物质。

烤熟的肉更好消化吗？

对于人类祖先为什么要吃烤肉这件事，通常的观点认为，熟肉有助于消化。关于这方面的研究已经有很多了，比如在烹饪过程中，蛋白质的结构会发生变化，这样就更容易被消化系统接纳和吸收。

比起为了方便消化吸收，让肉类更容易咀嚼这个观点听起来更为牵强。因为多数肉类在加热之前才更容易咀嚼，内脏就不用说了，大部分的肉类若非煮到稀烂，大概还是生的状态下更容易咀嚼，很多朋友热衷吃三分熟的牛排，其实就是为了体验牛排鲜嫩的口感。当然，如果非要论及肉筋（肌腱）这样的特殊食材，当然是长时间烹煮之后更容易咀嚼。但是大家不要忘了，肉筋变得更容易撕咬是在长时间烹煮之后，而不是在长时间烤制之后。喜欢吃烧烤的朋友都知道，对付一串火候过老的牛板筋是多么痛苦的事。

至于有利于消化吸收，也不是烹饪肉类的必然动因。虽然大多数实验结果表明，吃熟食有利于蛋白质的吸收，但是烹饪带来的结果并不一定是正向的。2016 年，法国农业研究院科学家玛丽恩·欧柏林（Marion Oberlin）在饲喂大鼠的实验中发现，用长时间烹煮（在 100℃下炖了 210 分钟）的牛肉饲喂时产生的消化率要比用生牛肉和中度烹饪的牛肉饲喂时低。

想象一下我们在野外烧烤时的狼狈场景吧，有多少肉被烧成了焦炭，又有多少肉因为嚼不动而变成了垃圾。实在无法想象，对于缺乏温度控制，只能在火堆上烧烤肉类的人类祖先来说，他们这样做只是为了更容易咀嚼或者更好地吸收肉类营养。

更有意思的是，在某些特定情况下生肉的营养会更丰富，特别是生肉中也富含维生素 C，所以完全以生肉为食的因纽特人并不会因为缺少水果或蔬菜就得坏血病。因为他们从生吃的海豹肉和鲸鱼肉里已经获得了足量的维生素 C。

毫无疑问，安全性远比好消化重要得多。比起口感和营养，吃下去会不会中毒才是最根本的问题。生肉中潜藏的风险并不少，且不说腐肉中的各种致病菌，即便是新鲜的肉类中也可能存在危害人体的寄生虫和微生物。长时间炖煮肉类的源头，与其说是让肉类更容易咀嚼和消化吸收，不如说是为了尽可能降低寄生虫和微生物带来的风险。

吃糖还是吃肉呢?

在今天的饮食体系中，肉类被视为高档食材，高碳水和高脂肪食物被斥为垃圾食品。千万不要忘了，这种分类方法是建立在物质极大丰富且敞开供应的基础上的，而我们的人类祖先面对的可选食物显然不是这样。

注意了，相对于蛋白质，我们的大脑其实更在意糖，越能直接提升血糖的食材就越受大脑欢迎。在吃下这些食物的时候，大脑会分泌大量的多巴胺，刺激我们继续获取相应的食物。这种行为其实早已写在了我们的基因当中。

在非洲东部生活的哈德扎部落（Hadza），仍然维持狩猎采集生活。人类学家弗兰克·马洛和茉莉亚·贝尔贝斯调查研究了这个部落的饮食。他们对部落成员的饮食偏好进行了统计，结果发现在肉类、蜂蜜、浆果、猴面包树果实和植物根茎这五类食物的选择中，不管男人还是女人都会优先选择蜂蜜。毫无疑问，蜂蜜是最佳的食物，因为这种食物能快速补充糖分，并能让我们的大脑产生愉悦感。至于第二选择，男性选的是肉类，女性选的却是浆果。这大概与性别分工有关，男性更喜欢狩猎，而女性选择采集，久而久之，那些在相关工作中拥有更高效率的基因（个体）自然就被筛选了出来。不管怎么样，对于糖的渴求是写在人类基因中的，这种渴求甚至要高于对肉类的渴求。

对碳水化合物的偏执并不是简单的文化记忆，而是由生理和心理因素共同决定的。人类对于肉类的渴求并没有我们想象的那么强烈，而且吃肉对于人类演化的推动作用，特别是对人类行为的塑造作用仍然是值得探讨的命题。

但是问题来了，同样是能够提供碳水化合物的植物根茎，在哈德扎部落却遭到了冷遇，不管男性还是女性都会把这类食物列为最后选择的备用食物。这看起来很难解释，但相当合理，因为不管是吃马铃薯、木薯还是山药，我们都必须做一系列的烹饪工作，想安全地吃下植物根茎，还真不是一件简单的事情。这类食物当然没有蜂蜜和浆果来得有价值。

如何解除植物的化学武装？

蜂蜜在自然界是稀缺品，而浆果也有特定的成熟时间，在缺乏蜂蜜和浆果的时候，如何高效摄入热量、满足大脑的需求呢？植物根茎就成了很好的备选答案。同样是基于安全的考

虑，在推动用火这件事上，植物毫无疑问起了更重要的作用。正是因为很多植物毒素需要用火来处理，所以才让人类祖先习惯了用火。

植物对付动物的武器主要包括生物碱、单宁、皂苷和蛋白酶抑制剂这四类物质，在不同植物身上可能同时存在一类或者几类毒素，这显然取决于植物和动物之间斗争的强度。植株上越是重要、越是容易被动物攻击的部位，其中的毒素含量就越高。

每年春天都会有很多朋友过来问我：那些漂亮的花瓣能不能做成美味佳肴。其实，我们做一个简单的思考就能轻松得出答案。花作为繁育下一代的重要器官，植物当然要投入大量的资源来经营，即使快要凋谢的花也比那些老秆老叶鲜嫩。别说人看见花就想尝一尝，食草动物也不会放过如此美味。面对垂涎三尺的捕食者，植物早早地在花朵里储备了化学武器，杜鹃花中的杜鹃花毒素就是其中的代表——有些杜鹃花的花瓣会飘落到池塘中，鱼若吃了就会白肚朝天；黄花菜中的秋水仙碱，也能让人上吐下泻。据说，白色花朵的毒性要比颜色鲜艳的花朵低得多，可是这一说法并没有实验根据。

除了重要的繁殖部位，多年生植物也会严密防守储存营养的部位。最典型的就是木薯，这种大戟科植物的块茎富含碳水化合物，虽然营养丰富但是暗藏杀机。木薯中含有有毒的氰类化合物——亚麻苦苷和百脉根苷，与苦杏仁中的苦杏仁苷极为相似。那么，什么是氰类化合物呢？我们在谍战剧中经常会看到这样一个桥段，间谍被发现之后，会吞服一粒药丸，然后即刻毙命，那药丸里装的通常就是氰化物（氰化钾）。

人体之所以能正常运转，就在于每个细胞都在进行正常的呼吸。呼吸作用的本质，就在于电子能在不同的化学物质之间传递，而氰化物恰恰是拦截电子的能手，一旦氰化物侵入细胞，就会破坏电子的传递，相当于给细胞的能量工厂拉了闸。细胞的生命活动戛然而止，整个人体也就随之崩溃了。

更要命的是，木薯引起的中毒反应不会让人轻易察觉，因为亚麻苦苷和百脉根苷中的氰化物基团被其他化学基团包裹在一起，并没有直接的毒性。再加上木薯的香甜味道，让我们有可能在毫无察觉的情况下吃下很多这样的致命化合物。亚麻苦苷和百脉根苷一旦进入胃部，就会在胃酸的作用下水解，释放出大量的氢氰酸，中毒就在所难免了。如果不加以防范，贸然进食就是踏上不归路了。

即便是植物叶片也未必是好惹的。危险的植物叶片就在我们身边，比如被人们称为"滴水观音"的海芋。有网络传闻说，千万不能触碰海芋叶片边缘冒出的液体，否则会中毒。其实，植物吐水并非海芋的专利，西红柿的秧苗在水分充足的时候一样可以吐水。这些水滴中除了微量的矿物质和氨基酸，几乎都是水。所以，"水滴剧毒"只是个流言罢了。

不过，这并不意味着海芋是个善茬，我们绝对不能对它们

掉以轻心。因为，这些植物体内含有大量草酸钙针晶！与菠菜中含有的草酸钙不同，海芋中的草酸钙会形成针状的晶体，这些晶体会刺激我们的皮肤和黏膜，引起瘙痒，甚至呼吸道水肿，严重的话会窒息死亡。

海芋与芋头不仅叶子相像，连球茎都相像，所以误食海芋的事件并不鲜见。《厦门晚报》就曾报道过当地有 5 位小朋友误把海芋当成芋头烤来吃，结果嘴巴肿得像香肠，幸好抢救及时才脱离了危险。

食草动物都是解毒高手？

学会挑选食物，是动物对抗植物毒素的有效做法。在肯尼亚马萨伊马拉草原上，我们总能看到长颈鹿在悠然地嚼着金合欢的叶子。只要注意观察，你就会发现一个有趣的现象，长颈鹿并不会在一棵树上吃太久，很快它们就会移动到下一棵金合欢树。金合欢树枝条上的尖刺阻挡了很多食草动物，但是长颈鹿似乎并不在意这件事，依旧在树丛间熟练地收集嫩叶，大饱口福。当然，尖刺对长颈鹿进餐的效率还是会有一定的影响。最有意思的是，在长颈鹿够不到的金合欢树顶是没有尖刺武装的，毕竟生产尖刺也需要能量，节约下来的资源可以更多地投入开花结果、繁殖后代这些工作中去。当然，即便是个头稍高的长颈鹿也不会固定进餐位置。因为，如果只吃一棵金合欢树的叶子，很容易引起中毒。

金合欢树含有特殊的化学武器——单宁。通常情况下，叶片中的单宁含量并不高，毕竟合成单宁也需要消耗大量能量。当金合欢树感应到长颈鹿啃食它的叶片时，就会释放出大量的信息素——乙烯，触发防御机制，提高叶片中的单宁含量。摄入过量的单宁会影响长颈鹿的消化系统，降低它们的消化能力，甚至引起死亡。所以，聪明的长颈鹿自然会去新的地方进餐。

说到挑选食物，还有一个出名的例子，那就是在澳洲的桉树林中生活的某种动物，可能你已经猜到了，这种动物就是树袋熊（考拉）。桉树叶子是考拉的主要食物，在澳大利亚分布着300多种桉树，但是考拉仅仅热衷于吃其中的三种桉树的叶子，分别是小帽桉、细叶桉和赤桉。这种现象其实也发生在大熊猫身上，如果可以选择的话，挑嘴的大熊猫就只愿意吃冷箭竹，像毛竹、麻竹这样的竹子根本就入不了它们的法眼。

考拉如此挑选食物是有原因的。桉树可以说是将化学防御这件事玩到极致的植物之一。中国南方大片的桉树林根本就不需要喷洒农药控制虫害，因为几乎没有动物能解除桉树的防御武器，更不会贸然下嘴去啃食这些植物的叶片。桉树叶片中

成年考拉每天最多会吃下
400 克的桉树叶，它会细嚼慢咽
以避免快速摄入大量的毒素。

含有大量的桉叶油，桉叶油的主要成分是桉叶素，具有特别的刺激性气味。虽然稀释后的桉叶油也可以作为香精添加到人类的食品当中，但是高剂量的桉叶油仍然是有毒的。对于食草动物而言，桉树叶是只可远观的能源宝库。相对来说，作为考拉食物的三种桉树中的桉叶油含量远不如柠檬桉、蓝马里桉、辐射桉、丰桉这些应用于精油生产的桉树。但是，桉树毕竟是桉树，即便桉叶油含量稍低，也会有中毒的风险。面对这种高毒性低热量的食物，考拉的应对策略就是少吃多消化。一只成年考拉每天最多会吃下 400 克的桉树叶，这却是它一整天的能量来源。

考拉会细嚼慢咽，尽可能地避免快速摄入大量的毒素。考拉的进餐时间通常为 4~6 小时，而吃饭快的人可能一天的进餐时间加起来只有十几分钟。

考拉胃肠道中活跃的微生物，不仅能将桉树叶中的纤维素转化为考拉可以吸收的营养，更可以分解其中的毒素，避免中毒。而考拉的这种做法显然会带来一个问题，那就是必须节能，毕竟所有活动所需要的能量都依赖于这半斤八两的桉树叶。这也解释了为什么考拉总是懒洋洋的样子，因为它们根本就没有多余的能量进行剧烈运动，只能选择慢吞吞的生活。

要说到解毒能力，马铃薯甲虫必然是数一数二的狠角色。1824 年，科学家首次在美国落基山脉东坡发现了这种甲虫，谁也没想到这种生活在刺萼龙葵上的小甲虫，最终变成了人类农

业生产的噩梦。1855 年，人们发现马铃薯甲虫开始啃食美国科罗拉多州的马铃薯，并且它们的胃口奇佳，所有的马铃薯叶片都是它们嘴巴里的美味，如果叶子被啃食得过于干净，它们还会去啃食马铃薯块茎。所到之处如风卷残云，因为最早的危害发生在科罗拉多州，所以这种虫子也被称为"科罗拉多马铃薯甲虫"。

此后，马铃薯甲虫每年以 85 千米的速度向东扩散：1875 年传播到大西洋沿岸，并向周边国家传播，相继传入加拿大、墨西哥；19 世纪 90 年代，人为因素使得这种甲虫传播到欧洲西部的德国、英国和荷兰；1918 年到 1920 年，又经波尔多进入法国，此后分三路向东扩散，不久在捷克斯洛伐克、克罗地亚、匈牙利、波兰等地定居；20 世纪 50 年代侵入苏联边境，60 年代传入苏联的欧洲部分；1975 年传入里海西岸；20 世纪 80 年代继续向东蔓延至中亚各国，并于 20 世纪 90 年代初传入我国新疆。自此，马铃薯甲虫几乎遍布整个北半球的主要马铃薯产区，成为农田一霸。

对于绝大多数动物来说，马铃薯的茎叶绝对不是什么好食物，因为其中富含以龙葵素为主的生物碱。说这些物质可以让动物闻风丧胆一点都不为过。

首先，龙葵素可以抑制胆碱酯酶的活性引起中毒反应。胆碱酯酶被抑制失活后，乙酰胆碱大量累积，以致神经兴奋增强，引起胃肠肌肉痉挛以及神经系统功能失调等一系列中毒症状。

再者，龙葵素还能与生物膜上的甾醇类物质结合，导致生物膜穿孔，引起膜结构破裂。当龙葵素被吸收进入体内后，就会随着血液循环破坏胃肠道、肝脏等器官的细胞结构。大剂量的龙葵素由于其表面活性作用可能会导致红细胞破裂，产生溶血。所以，人吃下含有龙葵素多的食物时，轻者会出现口腔和喉咙刺痒的症状，严重者表现为体温升高和反复呕吐而致失水、瞳孔散大、呼吸困难、昏迷、抽搐，如果剂量更高则会因为呼吸系统麻痹而死亡。

但是，对于马铃薯甲虫而言，这些根本就不是问题。因为马铃薯甲虫体内拥有高效的解毒体系。在马铃薯甲虫体内活跃的细胞色素 P450 单加氧酶系统，这类特殊的蛋白质可以促使氧气与有机物结合，从而改变有机物的性质和活性。这个清除的过程，就像在垃圾焚烧厂焚烧垃圾一样，毕竟燃烧通常也是氧气与有机物剧烈反应的过程，只不过在生物体内这种垃圾处理过程会温和很多。至于细胞色素 P450 单加氧酶系统就像是点火系统，让马铃薯甲虫拥有了可以"熊熊燃烧的抗毒小宇宙"。

更重要的是，马铃薯甲虫对多种农药都有强大的适应能力，时至今日，人类手中的大多数农药已经无法对抗来势汹汹的马铃薯甲虫大军。拟除虫菊酯类农药是用量最多的农药之一，但是对于马铃薯甲虫而言，这些农药几乎已经变成了饮

料。就连新型的 Bt 蛋白（苏云金芽孢杆菌蛋白）类农药在对付马铃薯甲虫的时候也显现出了颓势。

如何把有毒的植物变成美食？

人类并不能使用跟动物一样的解毒方案。别说吃桉树叶子，就是生吃马铃薯，我们也做不到，因为马铃薯甲虫嘴巴里的美味佳肴到了人类嘴巴里就会变成有毒的食物。即便是吃不发芽和不变绿的马铃薯块茎，其中的龙葵素就已经可以让我们出现恶心呕吐的症状了。

更不用说，我们要供给大脑这个高耗能的器官，我们没有办法像考拉那样慢悠悠地嚼叶子，那会让我们的大脑不能正常运转。解决这一问题的方案就是尽可能吃植物身上热量高的部位，而高热量的部位通常都含有大量的防御物质，我们常见的碳水化合物丰富的食物便是如此，比如芋头中有草酸钙针晶、马铃薯块茎中有龙葵素、山药中有薯蓣皂苷。

幸运的是，多数植物的防御物质都不耐高温，比如马铃薯中的龙葵素，用 210℃的油炸 10 分钟就可以去除 40% 的含量，直接用火烤去除的速度会更快。同样地，四季豆中的皂苷和凝集素、山药中的皂苷和芋头中的草酸钙针晶，都可以被高温破坏。

用火极大地拓展了人类利用植物的能力和范围，很多"生吃是毒药"的植物块茎变成了美味的碳水化合物。在火的烘烤之下，块茎中的淀粉经过糊化作用，变成了更容易让人体吸收的精糊，这样就极大地提升了人类进食和消化的效率。而这种改变毫无疑问推动了人类用火行为的扩展，即便是在动物资源有限的情况下，用火仍然能够帮助人类获得足够的植物性食物。

如何分辨可食用植物？

在用火拓展食物范围的时候，总会碰到一些即便加热也无法处理的植物，比如长相与芋头非常接近的海芋。

植物的世界远比我们想象的要复杂。且不说让一般人头疼的界门纲目科属种，单单是花萼、花瓣、花托、果皮这样的词汇就已经让人望而却步了。当然，要想搞清唇形科和玄参科、蔷薇科和毛茛科、十字花科和白花菜科的关系，就更是挑战了。对于大多数人而言，依靠植物学知识从世界上挑选可以吃

的东西，本身就是个不可能的任务。所以，人类在长久的生存斗争中选择了相信经验，对陌生的植物抱有戒心。其实在自然界中，动物更是具有这种警惕性。动物幼崽儿会花费很多时间跟随妈妈学习进食的技巧，哪些植物能吃，什么时候能吃，都是必备的生存技能。就像我们小时候也是跟着很多大孩子，从他们嘴里知道哪些野果可以吃，哪些野草是必须躲开的。

其实，有一些植物身上明明就写着有毒。比如，在欧亚大陆上分布的茄科植物都不好惹，龙葵、天仙子、曼陀罗没有一个是好惹的，就连茄子生吃起来也是有风险的。恶心呕吐都是轻微症状，搞不好还可能丢了性命。于是，当欧洲殖民者从美洲带回西红柿的时候，大家都没把它当成一种蔬菜，更没把它当成水果。

人类选择食物的经验和历史，几乎就是选择可食用植物的经验和历史。敢不敢吃，完全取决于对既有食物的经验。

同样是茄科植物的马铃薯，最初在欧洲大陆的推广之旅更是坎坷。马铃薯跟番茄一样，都是茄科植物，身上同样扛着有毒家族的标志花朵，更别说它们是生长在土地中的粮食，在欧洲人的传统观念中，地下可是魔鬼主宰的黑暗世界，在那里孕育的粮食怎么能吃呢？

为了推广这种可以填饱更多人肚子的作物，法国国王路易十六计上心头，他不仅让自己的皇后戴上马铃薯花环，还让园艺师傅把优质的马铃薯种苗种植在自己的皇家花园之中，并且派重兵看守。时间一长，周围的村民就惦记起苗圃里的马铃薯，总觉得那是国王的宝贝疙瘩。恰在此时，国王很配合地撤掉了夜间守卫，于是大家开始了挖马铃薯的行动。眼见大量的马铃薯被偷走，国王心里乐开了花。就这样，马铃薯在法国流行起来，极大地保证了法国的粮食供给。

在中国，无论是番茄，还是马铃薯，抑或红薯，推广之路都要顺畅得多。这大概是因为我们的祖先一直都在发掘可以吃的东西，即便是不能直接吃的东西，也会用适当的方法把它们处理成可以吃的东西，这件事在云南表现得尤其明显。作为一个植物学工作者，当我深入西双版纳的傣族集市时，不由自主地倒抽了一口冷气，感叹这哪里是菜市场，明明就是有毒植物的聚会场所：龙葵，有毒的；苦果，有毒的；海船，有毒的；蕨菜，还是有毒的；更夸张的是还有傣族老奶奶在售卖不知名的果子，按我们的经验，这些通通都是有毒的。为什么当地人没有因为这个吃出问题呢？

其实道理很简单，在大自然中，动物并不会在一个区域集中觅食，因为这样做能降低中毒的风险。所以，即便是吃一种植物，动物们也会换着区域吃。比如，羚羊就不会只啃相邻的金合欢树叶，它们知道这样做会被闻风而动的金合欢用单宁毒死。我们人类当然更不会如此。

用淘米水来浸泡蕨菜，通过发酵去除里面的氰化物；用焯水的方法去除杜鹃花中的生物碱；用乱炖的手法来解除四季豆

不同区域的人都有应对生存环境的生活妙招，中国人就善于烹饪熟食。我们的祖先一直都在发掘可以吃的东西，不能直接吃的，就会用烹饪的方法处理。

的毒素武装。木薯薯皮上的氰化物含量最高，只要去皮后浸泡一段时间（以往的做法都是浸泡 6 天以上），就能去掉 70% 以上的氰化物，再经过高温蒸煮，我们就能安全食用了。

不同区域的人都有应对生存环境的生活小妙招，而中国人善于烹饪熟食其实也有很多必然的原因。

如何解决寄生虫问题？

中国人定居早，5000 多年前我们就开始了农耕生活。定居了就得吃饭，人口越来越多，饭不够了怎么办，只能让地里的菜长得更多更好。除了精耕细作，还得施肥。在战国时期，中国人就已经学会了使用农家肥。什么是农家肥？就是粪便。浇灌农家肥的菜是长得更壮实了，但是问题也随之而来，那就是寄生虫。

出生于 20 世纪 70 年代和 80 年代的朋友一定对宝塔糖有印象吧，定期吃宝塔糖就是为了驱除蛔虫。蛔虫会随着土里长出的蔬菜进入人体，在人体中又排出虫卵，再随着农家肥的使用继续污染更多的蔬菜。解决这个问题有两种方法：一是搬家，暂时离开寄生虫污染严重的地方，等那些虫子因为缺乏寄主都

死光了再回来；二是吃熟食，把所有的寄生虫都烤干、煮烂。中国人口众多，采用方法一显然不现实，所以我们只能通过吃熟食来避免寄生虫的麻烦。

大家对熟食有一种错误的理解，那就是熟食能让食物更容易消化。从植物性食物的角度而言，确实是这样。通过蒸煮烤，可以改变植物食材的性质，特别是让难以消化的抗性淀粉，变成容易消化的淀粉和糊精。

时代在变，我们今天又回到了生吃菜叶的时代，餐桌上的大拌菜越来越受欢迎。那是因为寄生虫的阴影已经不复存在，化肥替代了农家肥，彻底改变了农田的状况，寄生虫再也没有了卷土重来的机会。我们能告别宝塔糖和驱虫药，在很大程度上还要感谢化肥。我们又回归了生吃的时代。

史军老师说　　眼睛、鼻子和嘴是判断植物能否食用的"三剑客"：眼睛先观察植物的颜色和形状，避开鲜艳的警告色；鼻子闻气味，恶臭的气味可能是有毒的化学成分；嘴巴浅尝一口，感觉到苦涩或麻木，大脑会立刻喊停进食行为。感官进化就像精密的防护网，让人类祖先及时躲避危险，保障了生存与延续。

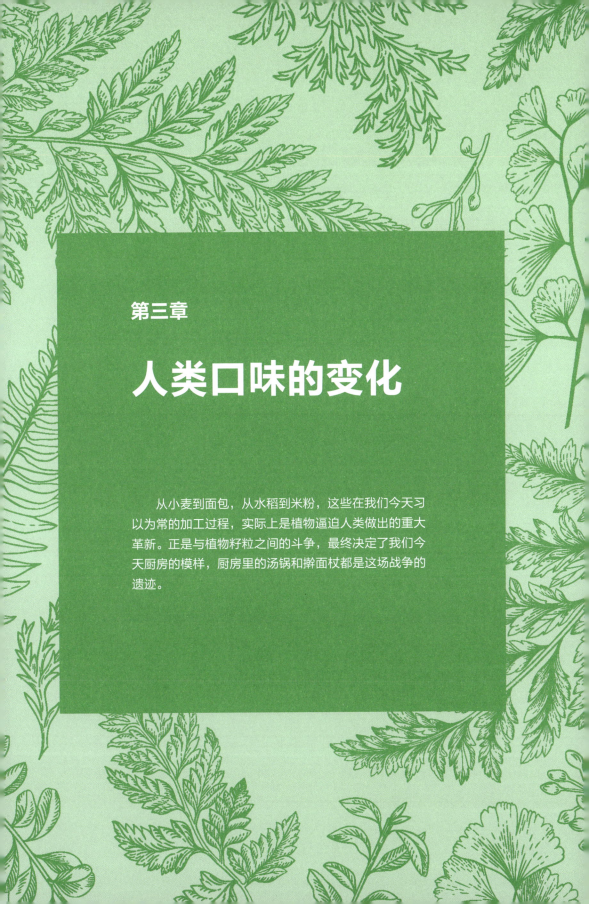

第三章

人类口味的变化

　　从小麦到面包，从水稻到米粉，这些在我们今天习以为常的加工过程，实际上是植物逼迫人类做出的重大革新。正是与植物籽粒之间的斗争，最终决定了我们今天厨房的模样，厨房里的汤锅和擀面杖都是这场战争的遗迹。

在中国广西南部的崇左白头叶猴国家级自然保护区，我和考察队一行人有幸观察到世界上最珍稀的灵长类动物——白头叶猴，世界所有的白头叶猴都分布在这个保护区范围内，总数只有1000多只，比大熊猫的数量还要稀少。

白头叶猴长相奇特，头上有一撮白毛。黑白相间的身体恰好与岩壁的颜色保持一致，浑然天成，就像被镶嵌在石头中一般。如果不仔细观察，很难从远处发现石壁上的猴子。

不过，白头叶猴的日常行为却相对单调，我们观察到最多的行为就是觅食或取食，从天亮开始整个猴群中大大小小的猴子就在不停地嚼叶子。"这是由白头叶猴特殊的食性决定的"，随行的中国科学院动物研究所的黄乘明教授对猴子的行为非常了解，"因为白头叶猴主要的食物是树叶，靠这样低质量、低能量的食物过活，就只能多吃多嚼了"。吃素获得的营养供给不足以支持白头叶猴像猕猴那样在森林中上蹿下跳。成年白头叶猴会在静坐中度过一天中的大部分时光。

于是，随行的一名考察队员在记录本上留下了这样的文字"……18:50 猴子不动……19:10 猴子不动"。

进餐结束后，稍大的猴子基本上就都躲到树荫下乘凉去了，这样做一来可以隐蔽，二来可以节省宝贵的能量，毕竟从粗糙的树叶中摄取能量可不像我们人类吃大米饭那样简单。只有小猴在嬉戏打闹，那些在树丛间闪现的黄点也成了考察队员们重点观察记录的对象。

白头叶猴从粗糙的树叶中摄取能量，
可不像人类吃大米饭那样简单。

如果人类选择与白头叶猴相同的食物，恐怕不会比它们活跃多少。因为白头叶猴的食物主要是树叶，虽然它们比考拉要勤快一些，但是有限的热量供给仍然不能供应过大的身体和大脑，这就是白头叶猴总喜欢把家安在峭壁上的原因。因为白头叶猴实在是无法对抗那些掏鸟、偷甘蔗的能手——猕猴，拥有更强捕食能力的猕猴在白头叶猴看来就是危险的恶霸。

毫无疑问，人类要想让自己的大脑能够有效工作就必须找到稳定的高质量食物来源。在这个时候，植物种子进入了人类的视野。

种子为何会成为高质量植物？

作为植物的下一代，种子是个富含营养的部位，毕竟种子要远行，带上必要的营养物质对于长时间休眠，还有未来的萌发都大有好处。当然，也有一些植物不走寻常路，比如兰科植物。兰科植物的果实都不大，但小小的果荚中藏着几万、十几万，甚至上百万颗种子。这些种子细如尘土，长度一般在0.05～6毫米、宽度在0.01～0.9毫米，很多比人的头发丝（约0.08毫米）还细。种子的外种皮内部具有许多充满空气的腔室，进一步减轻了重量。

毫无疑问，放弃给种子储备营养之后，兰科植物就可以用有限的资源生产出更多的种子。同时，微小的种子也具有一些独到的优势：凭借极轻的重量，兰花种子一出果荚就可以搭上风这趟免费班车，飘荡到离母株很远的地方。为了抵抗恶劣的环境，种子的外围包裹了一层致密的细胞，以防止水分快速渗透。这样一来，从"风力班车"下来之后，兰花种子还可以借助水流、动物皮毛"走"到更远的地方。

兰科植物因为太微小，以至于没有空间来容纳胚乳或子叶这类储藏营养的结构。为了生存，兰科植物的种子跟真菌拉上了关系，在种子萌发时依靠消化真菌的菌丝为自身生长提供营养。

兰花可以说是植物圈里最特立独行的植物，其他植物大多不会选择如此激进的繁殖策略。毕竟这种赌徒行为的结果很可能是满盘皆输。绝大多数种子植物还是选择给自己的种子提供足够的营养储备。

种子的"干粮袋"有何玄机？

胚乳和子叶是种子植物储存营养的两个关键结构。植物分类通常以子叶的数量作为重要标准，有一对子叶的就是双子叶植物，而只有一片子叶的就是单子叶植物。

中国人最熟悉的植物子叶就是大豆的子叶。豆子完全干燥时，子叶细胞呈标准的圆形；当豆子吸足水分后，了叶细胞膨胀变成长圆形，就像压缩毛巾展开了一样。绝大多数双子叶植物种子都会将子叶作为储存能量的"仓库"，淀粉、脂肪、蛋白质这些在种子发芽过程中需要的物质，通通被塞了进去。子叶的工作并不仅于此，在植物萌发之后它们仍然会继续发挥余

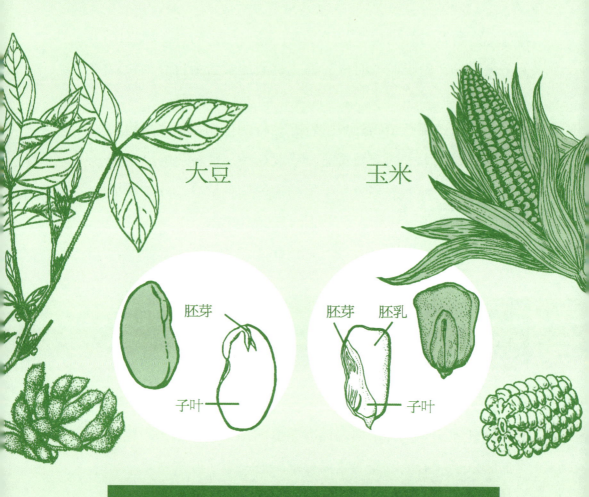

大豆　　　　　　玉米

胚芽

子叶

胚芽　　胚乳

子叶

大豆的子叶是储存能量的仓库，塞进了种子发芽过程中需要的所有物质。玉米籽粒的子叶是由数层细胞构成的薄膜，只充当养分转运站的角色。

热，为幼苗制造食物。大豆的子叶会在接触阳光之后变成绿色，并进行光合作用。不过，制造能量并不是子叶的专长，很快真正的叶子（真叶）就会接替它们的工作。

在我们平常接触的食物当中，蚕豆、豌豆、芸豆都是典型的双子叶植物的种子，从它们肥厚的豆瓣就能确定它们的身份。

当然，与双子叶植物发达的子叶不同，单子叶植物的子叶很难被人发现。在小麦、水稻、玉米的籽粒中，我们并没有看到像豆瓣那样的结构，因为单子叶植物的子叶已经简化成只有数层细胞构成的薄膜，它们的使命也不再是储存养料，而是充当了养分转运站，真正的营养仓库是胚乳。那些储藏在胚乳中的营养，会通过子叶转运给发育中的胚。以玉米为例，剥开玉米粒的外皮会看到两个部分：一小片月牙状的胚，一个像牙齿的硬块——胚乳。禾本科植物的胚乳中通常会储存大量淀粉和少量的蛋白质。

不管是双子叶植物的子叶，还是单子叶植物的胚乳，它们都是人类祖先完美的能量来源。但是，事实并非这么简单。

是变大变少，还是变小变多？

　　对于人类祖先而言，不管是非洲的高粱、亚洲的水稻，还是美洲的玉米，没有一个是好惹的。植物的种子之所以如此坚硬，其实是想跟动物建立一种微妙的关系。

　　生物界存在两种截然不同的繁殖对策。一种是像海椰子那样，一次只结少量种子，给种子多多的营养，这种繁殖策略被称为"K对策"，也叫质量对策。利用这种对策繁殖的植物，虽然结的种子少，但是成活率极高。海椰子的种子可以重达15千克，相当于一个3岁孩子的体重。其中的营养物质足以让幼苗很好地生长，而它坚硬的外壳却让缺乏工具的动物头疼。

　　高粱、小麦、狗尾巴草这样的植物走了另外一条繁殖路线，就是以数量取胜，先填饱动物的肚子，再伺机传播后代，这种繁殖策略被称为"R对策"，也叫数量对策。就是用数量来取胜，一个高粱穗上有上千粒种子，而一株狗尾巴草可以产生的种子数量高达8万粒，它们的种子即便被动物吃了一部分，也还是会有一些幸存下来。

　　可能有朋友会问，为什么不在种子里面放毒，让那些动物

高粱种子以数量取胜，这种繁殖策略叫"R对策"，也叫"数量对策"。

海椰子虽然只结少量种子，却给种子很多营养，这种繁殖策略叫"K对策"，也叫"质量对策"。

不敢吃呢？确实，像蓖麻、巴豆、海红豆，甚至连苹果的种子里面都有毒素，但生产毒素需要消耗大量能量和营养物质，对植物来说未必是个好选择。

对于高粱这样的植物来说，它们是很矛盾的，它们既希望依赖动物的肠胃和粪便帮它们走向世界，又不希望所有的种子都被吃掉。好在这种选择了 R 对策的生物会通过大量繁殖来化解这一矛盾，即数量压倒一切，吃吃吃，总有吃不完的时候。

然而，即便是选择填饱动物肚子的植物，也并不好惹。

人类为什么会长智齿？

水稻种子的营养看似唾手可得，但是事情并没有想象的那么简单。要想获得稻子的营养，首先要做的就是去掉稻子的外壳。

今天，我们饭碗里的米粒已经不是完整的水稻籽粒。要想找到完整的水稻籽粒，其实并不难——超市和菜市场里出售的紫米就是完整的水稻籽粒。喝紫米粥的时候，我们会感觉到紫米有个稍硬的外壳，那其实是水稻的果皮和种皮的结合体。因为给紫米上色的花青素都分布在果皮上，所以我们吃紫米的时候都是带皮吃的。如果把这层皮脱掉，那紫米就同普通的大米没什么区别了。我们可以尝试把紫米粒用水稍稍浸湿，耐心把这层外皮剥掉，在米粒的一端就会发现一个颜色有差别的乳白色白点，那才是水稻籽粒真正的核心——胚，它们将来会长成水稻植株。

不过，对于普通大米而言，果皮和胚都会影响米饭的口感，所以在加工的时候都被去掉了，这就形成了我们吃的精米。现在又有人提倡吃糙米，原因是果皮上还有很多维生素，比如维生素 B_2，缺乏这种维生素可能会得脚气病。不过，在食物种类丰富的今天，我们完全可以从其他蔬菜和肉类中获得这些营养。能尽情享用一碗香喷喷的精致大米饭，大概是现代人才有的好运气。

但请注意，人类是在掌握蒸和煮等烹饪手段之后，才能对付稻米的外皮，而人类的祖先最初只能用自己的牙齿来对付这些食物。说到这里就不得不提植物留给我们的印记——智齿。在英文中，智齿被称为"Wisdom Teeth"，意思就是代表智慧的牙齿，其本身的含义是，当这颗牙齿长出来时，这个人已经有足够的智慧了。

智齿通常会被人家戏称为"滞齿"，因为它们带来的痛苦实在令人难以忍受，大约有 70% 的人会受到智齿的困扰。智齿萌动时，不仅会挤占正常牙齿的位置，还会带来刺痛、酸痛等各种花式疼痛。特别是那些横着长的阻生智齿，更是让许多人苦不堪言。

　　要想搞清楚智齿带来麻烦的原因，还得从我们来自非洲的智人祖先说起。我们的近亲黑猩猩看起来总是噘着嘴巴，这是因为它们的下颌骨十分粗壮，说直白点，就是下巴太宽。这显然不符合网红"锥子脸"的标准，但是非常适合黑猩猩用它来搞定食物。

　　我们的灵长类亲戚几乎都是吃素的，大猩猩和红毛猩猩是100%的素食者，黑猩猩的食物中有90%都是植物性食物。它们为什么不吃肉？道理很简单，植物不会跑也不会跳，摘树叶要比抓动物容易得多，植物性的食物是一种特别稳定的食物来源。但是，植物的防御手段一点也不含糊，且不说那些负责任的化学武器，单单是从植物的营养储藏库里获取营养就不是一件简单的事。

　　人类可以直接吸收利用的营养是像葡萄糖这样的简单糖类物质，这就好比是汽车里面加注的汽油。但是，植物的叶片、果实和种子里面最主要的营养像原油一样，需要一套复杂的营养开采系统来处理这些食物才能获得。只有嚼得足够细，我们的身体才能吸收其中的养分。人类的祖先没有石磨，不会用火，更不会蒸包子、蒸馒头，他们能做的就是使劲地咀嚼，因此，粗壮的下颌就成了获取营养的必要工具。

　　然而，再坚硬的工具也会有磨损的时候。尽管古人类的牙齿普遍都有更厚的牙釉质层，但是在20岁左右的时候也大多磨损殆尽了。所以需要新的牙齿——智齿，而拥有智齿的个体无疑具有更好的摄入营养的能力。

需要注意的是，牙齿损耗跟龋齿是两回事。龋齿恰恰发生在人类的食物精细化之后，特别是在 19 世纪中叶之后，人类对糖的消耗日益增加，随之而来的就是严重的龋齿问题。这是我们祖先的牙齿没有碰到过的挑战。其实，人类祖先的牙齿都是为嚼硬东西准备的。

而我们人类，恰恰看中了数量丰富、来源稳定的小麦，而智齿就是配合此种行为而生的。在牙齿高磨损的压力下，人类选择"保留"智齿这个备用器官。

如何获取淀粉中的营养?

即便是突破了小麦和稻子的外壳，即便我们有发达的智齿，要想从这些籽粒中获取营养成分也并非易事。因为胚乳中的淀粉处于结晶状态，对于人类的消化系统来说，是一块难啃的"硬骨头"。想象一下生嚼米粒的感觉，那绝对不是什么舒服的事。就算你能忍受生嚼米粒，并且用智齿把米粒磨得足够细碎，我们的肠胃仍然无法消化这些碎米粒，因为生米粒中的淀粉并不是容易消化的淀粉。

　　可能有人会疑惑：不都是淀粉，结晶和非结晶，有什么不一样？这是因为同样的化学物质在结晶和非结晶状态下，生物的化学性质相去甚远。最典型的例子就是水，只有液态的水才是生命所需要的状态，如果水在低温下变成冰，生物的生理活动就会被打断。所以说，世界上最干旱的地方不是撒哈拉沙漠，而是南极点，因为那里的水几乎都是冰，生物根本无法利用这些水资源。

　　回到淀粉的话题。淀粉是一种特殊的糖类物质。虽然不像蔗糖和葡萄糖那么甜，但作为能量储备，淀粉具有更高的稳定性，不易腐坏，适合长时间储存，帮助种子撑过艰难时期。蔗糖之于淀粉，就像豆腐之于干豆皮。为了提高储备能力，植物体内的淀粉都以结晶状态存在，这不仅可以增加单位体积内的储存量，也给动物摄取能量制造了障碍。

　　依靠牙齿咀嚼淀粉，终究不是一个完美的解决方案，毕竟更多的咀嚼时间就意味着降低在单位时间内的能量获取效率，进而影响大脑的能量供给。

　　要想吸收淀粉中的营养，就需要让淀粉结晶伸展开，特别是让支链淀粉伸展开。淀粉晶体在高温下会与水结合，变成黏糊糊的一团，这个过程叫作淀粉的糊化。千万不要小看这个过程，它直接关系到消化效率。

　　虽然所有淀粉都是由许多个葡萄糖分子组成，但它们的形态各不相同：有的好像一条平滑的丝线，这样的淀粉叫作直链淀粉；有的则像大树一样枝杈繁多，这样的淀粉叫作支链淀粉。支链淀粉容易跟水分子结合，变得黏糊糊的。

人体对淀粉的消化过程与许多人想象的不同，并不是像粉碎机粉碎食物那样把淀粉直接变成葡萄糖分子，而更像是从珍珠项链上取下珍珠，只能从有端点的地方开始取。淀粉糊化的过程，就是暴露"端点"的过程。所以，淀粉的端点越多，就越容易消化。支链淀粉要比直链淀粉更容易被消化，而直链淀粉不仅不容易被消化，还会与支链淀粉结合形成结晶，影响后者的消化率。

在加热米粒的过程中，直链淀粉会伸展开，暴露出支链淀粉，让淀粉食物处于好消化的状态。当温度下降的时候，很多直链淀粉会跟水分子分离，恢复到原来的状态，就好像大米还是生的一样，这种现象被形象地称为"回生"。那些放在冰箱里冷藏过的米饭会变硬，就是因为回生了。

还有一些淀粉比较顽固，在食物中总是处于结晶状态，动物的消化系统对此也是无可奈何。在营养学上，这样的淀粉被称为"抗性淀粉"。抗性淀粉的含量在烹调前后会存在很大的差异，比如，刚煮熟的马铃薯中抗性淀粉占总淀粉含量的4%左右，但是冷却后这个比例会上升到20%。这也是吃冷饭容易消化不良的原因之一。

由此不难看出，为什么人人都喜欢吃一口热乎饭了，特别是以碳水化合物为主食的情况下，大家都喜欢热餐。归根结底，这

是为了提升摄取能量的效率，而这个生活习惯也一直延续至今。

粳米、籼米和糯米有何不同？

粳米是米粒圆润的大米，主要在北方种植，特别有代表性的就是东北大米；籼米是长粒米，南方的大米大多属于这种类型，其中的代表就是泰国香米。至于糯米，虽然经常被单独提及，可它并不是与粳米和籼米并列的第三个米种，而只是有软糯特征的粳米或籼米。也就是说，糯米真正对应的是普通的非糯性大米，不管是粳米还是籼米，其中都会有糯米。

吃糯米制品的时候，大家常说"不能吃太多，否则会不消化"。据说糯米里面的油脂含量更高，所以更难消化，那些油光发亮的糯米似乎为这个说法提供了有力的证据。可事实恰恰相反，糯米中的脂类物质含量仅为 0.21%，而普通粳米中同类物质的含量可以达到 0.55%~0.66%，籼米中的含量更是可以达到 0.65%~0.80%，都远远高于糯米。可是，糯米吃多了确实饱腹感更持久，这难道也是错觉吗？

饱腹感是一种真实的感觉，通常与血液中的葡萄糖含量有关。当血液中的葡萄糖含量上升到一定程度时，大脑就会产生

"饱"的感觉。吃糯米和普通大米时，人体血糖的变化是不同的。糯米中的支链淀粉容易被分解，所以血液中的葡萄糖上升得快，因此更容易产生饱腹感。像粽子这样通常会冷食的糯米制品，冷却后部分淀粉已经回到了结晶状态，这样就增加了消化的难度；而像年糕这样的糯米制品，制作时经过反复捶打，质地紧密，我们的胃很难将其分散开来进行消化。这就是糯米制品不容易消化的原因。

面粉是何时出现的？

蒸煮米饭这一烹饪方法是在陶器出现之后才有的。需要注意的是，这种处理方法只适合水稻和小米这样的籽粒。对于小麦这样的籽粒，单纯的水煮并不是一个完美的解决方案。其中一个关键的原因就是，如果不把小麦籽粒磨碎，就很难烹调出易于快速进食和消化的食物。

要想让小麦这样的籽粒变成合适的食物，最好的方法就是把籽粒磨碎。2015 年，意大利佛罗伦萨大学的科学家在意大利南部发掘了一块石板，上面残留着一些燕麦淀粉结晶。研究发现，大约在 3.2 万年前，这块石板的主人就用它来磨碎燕麦，

这么做显然是为了更好地吃下这些籽粒。

研究者在显微镜下还观察到了出现膨胀、糊化迹象的淀粉颗粒。这表明，古人在研磨这些谷物之前，曾对它们进行过加热处理。研究者指出，加热可能是为了让新鲜的谷物更快干燥，同时方便研磨加工。

这块石板的发现，将人类制造面粉的时间向前大大推了一步。可以说，人类祖先在还没有锅碗瓢盆这些厨具的时候，就已经开始制造面粉了。而制造面粉的目的正如上文所说，是为了更好地获取禾本科作物籽粒中的能量。

随着烹饪加工技术的进步，我们的食物越来越精细化。宇航员吃的食物几乎不需要咀嚼也能被消化吸收。在这种情况下，发达的下颌骨就显得多余了，再加上人类在直立行走后，枕骨大孔（连接大脑和脊柱的空洞）从向后开口变成了向下开口，也在很大程度上影响了下颌的位置。最终，人类拥有了所有灵长类动物中最纤细的下颌骨。下颌骨缩短，加上现代人的牙齿不再像人类祖先那样容易磨损和脱落，使得原本宽松的牙齿生长空间变得拥挤了，在这种情况下，智齿就成了不折不扣的痕迹器官。

植物迫使人类开发出了加工食物的工具，而这些工具又促使人类形态发生改变，人类形态的改变进一步推动了新工具的出现，而新工具的出现又为开发新的食物资源提供了可能。这个循环一直都在持续进行着，只是人类形体的变化已经跟不上技术变革的步伐了，于是在身上留下了很多演化的遗迹。

我们为什么还留着智齿？

　　除了智齿，其实在人类身上还保留着很多吃植物留下的痕迹器官，比如让人讨厌的阑尾（盲肠）。在兔子、牛、羊等动物身上，盲肠可是相当发达的一个器官，它充当了草料发酵罐，帮助这些动物消化吃下去的草料，我们的灵长类亲戚猕猴也有这样的器官。更神奇的是，盲肠居然还有自己的味觉，它们还能判断自己容纳的食物是好还是坏。比如，绒猴的盲肠上有和舌头同等数量的蛋白质味蕾，能够感知苦味和甜味，从而判断自己是不是吃下了足量的食物。但是在人类身上，盲肠不仅被废弃了，还变成了一个只会惹麻烦的痕迹器官。这也是因为我们的主食从叶子变成了种子。

　　在人类的演化过程中，为什么不能彻底抛弃这些痕迹器官呢？答案很简单：因为现代智人的历史实在太短了。虽然我们有两三万年的历史，1万年的文明史，但是相对于生物演化而言这不过是短暂的一瞬。地球诞生到现在已经有46亿年，最早的生命诞生于38亿年前，植物出现于4.6亿年前，就连蟑螂也在地球上生活了超过2亿年，智人的历史只是漫长演化天幕

上闪电般的一瞬而已。如此短暂的时间，还不足以让我们的身体发生巨大的改变。

随着医疗条件的改善，自然选择的力量在很大程度上被削弱了。我们可以通过手术拔出惹麻烦的智齿，切除发炎的阑尾，甚至通过剖宫产帮助大个头胎儿来到这个世界上。这些做法带来的结果就是，智齿等痕迹器官不再是影响我们生活的重要因素，它们就像我们的耳垂一样，存在与否并不会影响我们吃饭、喝水、睡觉。这么看来，智齿这个麻烦的"盟友"可能还会跟随我们很久。

谁发明了豆腐？

对于人类而言，蛋白质是不可或缺的营养物质，因为我们有一个比其他生物都大得多的大脑，为了维持这个器官的正常运转，就需要大量的蛋白质。如果蛋白质摄入不足，就会影响人类大脑的正常活动。

在非洲很多以木薯为主食的地方，有大量低蛋白血症患者。长期缺乏蛋白质不仅会影响儿童的正常生长发育，甚至会引发大脑萎缩。100 克的新鲜木薯里大约含有 38 克碳水化合物，而蛋白质只有 1.4 克，至于脂肪几乎可以忽略不计。吃木薯只能勉强果腹，而不能长期维持营养健康状况，缺乏蛋白质必然会影响正常的生理活动。

对一个帝国、一个文明而言，蛋白质是不可或缺的营养。足量的蛋白质供应是人类聚集成文明体系的基础。纵观人类历史的发源地，恰恰都出现在了有稳定蛋白质供给的地方。戴蒙德在《枪炮、病菌与钢铁》一书中，详细分析了不同地区的蛋白质供给模式，比如西亚的巴比伦王国有牛，北非的埃及有骆驼，南美洲的玛雅人有羊驼，这些动物都能为人们提供足量的肉食。

然而，中国所在的区域恰恰没有可以被驯化的，且能够稳定地提供大量肉食蛋白质的动物。此外，喂鸡、喂猪、喂狗都需要消耗大量的粮食，而且在烹饪技术不发达的时候，这些肉类还潜藏着巨大的风险。还好，中国人有大豆，或者说是大豆选择了中国人作为自己基因传递的帮手。

豆子的好处有很多，产量高、品质好、营养全面，但是为什么直到今天，西方人仍然难以接受豆子和豆制品？因为有两大缺陷横亘在人豆和餐桌之间，那就是豆腥味和吃了会放屁。

在大豆种子中储存着很多大豆磷脂，这种物质也是大脑所需的营养物质，被许多保健品生产商奉为珍宝，而豆制品的豆腥味恰恰来源于此。当大豆细胞破碎时，其中的大豆磷脂会跟

　　把豆浆和卤水混在一起诞生了豆腐。后来，人们惊艳地发现长出长长白毛的毛豆腐也可以吃。用做豆豉的腌渍手艺处理毛豆腐，就会得到臭豆腐。

氧气发生反应，产生一些奇怪的醇醛酸酯，于是本该纯净的豆浆和豆腐都染上了一股浓浓的豆腥味。

相较于豆腥味，吃豆子面临的更大问题其实是放屁。没错，大家可能都有过这样的经历，那就是在痛喝饮料、狂吃五香毛豆后，就开始频繁排气了。在课堂、办公室、公交车等公共场合，这种尴尬不是谁都能承受的。

那么，为什么吃豆子容易产气呢? 古代的西方人对吃大豆会放屁有着特别的传说，他们认为大豆在土壤里生长时会吸收灵魂，这些灵魂被困在大豆籽粒中，当大豆被人吃下去后，灵魂就从破碎的豆粒里钻了出来，然后寻找出口，走上不行走下路，钻出去的时候带出了响动，也就是屁了。实际上，大豆并没有那么恐怖，那不过是大豆多糖被肠道细菌分解成甲烷的结果，而甲烷正是我们所用的天然气的主要成分。

为了解决这个问题，中国人想到先把豆子做成豆腐，去除其中的一部分多糖，然后通过发酵再去除一部分多糖，这样一来，吃豆腐就相对安全了。

传说，豆腐的发明者是淮南王刘安，此人喜好炼丹。在秦汉时期，炼丹可是广大王公贵族的重要养生和娱乐活动。一次偶然的机会，他把豆浆和卤水混在一起，豆腐就这么诞生了。品尝后发现，吃豆腐比吃黄豆要舒服得多，因为有很多大豆多糖在做豆腐的过程中被去除了。

尽管豆腐已经把放屁的问题解决了，但是西方人仍然不喜

欢豆制品，因为豆子有豆腥味。虽然通过去除大豆磷脂，可以得到没有豆腥味的大豆蛋白，但这仍未完全改变西方人对豆制品的看法。

你能接受苦味食物吗？

东西方人的口味差别还集中表现在对苦味的认知上，这点也与植物直接相关。在《中国食物·水果史话》中，我就曾经分析过这个问题。相对来说，中国人对于苦味的警惕性会比较高，复旦大学现代人类学教育部重点实验室的李辉博士的研究也证实了这个观点。与世界其他人群相比，中国人群在"TAS2R16"基因上出现了明显的变化，导致对苦味更为敏感。这个改变出现在距今 6000 年到 5000 年前，正是人类从渔猎向农耕转变的关键时期。由于农作物带来的人口增长，田中的粮食很难满足所有人的需求，所有可以吃的植物都被列入了临时食谱，而那些对苦味敏感的超级味觉者能够更好地避开有毒植物，从而存活下来。巧合的是，神农尝百草的故事也诞生于这个时期。因此，这种基因上的变化是有其合理性的。虽然今天的中国人早已不再为温饱发愁，但是写在我们基因里的味觉偏好并没有改变。

在西方的食谱中，水果是食物的重要组成部分，是维生素、矿物质的重要来源，也是酒精的重要原料。然而，水果并不是主要的碳水化合物来源，这就导致西方人对水果甜味的感触并不明显。同时，在西方的传统蔬菜中，苦味又是重要的味道，莴苣、菊苣和甘蓝都带有明显的苦味，长期的饮食习惯也使他们对苦味不再敏感。因此，西方人自然更容易接受那些带有苦味的水果。

东西方人对水果赏味标准的差异在西柚这种水果上体现得最为明显。这种被西方人视为"天堂之果"的水果，在中国却只有很小的市场。实际上，人类的口味会随着食物构成的变化而改变，今天的中国人已经习惯了咖啡和巧克力的苦味，未来对于水果的赏味标准也可能会发生改变。再加上发达的物流和国际贸易，各地饮食习惯的界限正逐渐模糊。世界各地人类的口味趋向统一已成为必然趋势。

史军老师说

牙齿不仅是咀嚼的工具，更是健康的"守门人"。牙齿能充分磨碎食物，助力肠胃消化吸收，减轻肠胃负担。一旦牙齿出问题，就会导致食物嚼不烂、营养难摄取。所以，爱护牙齿，不只是为了笑得更灿烂，更是为了全身健康！毕竟，谁不想"牙好，胃口就好，吃嘛嘛香，身体倍儿棒"呢！

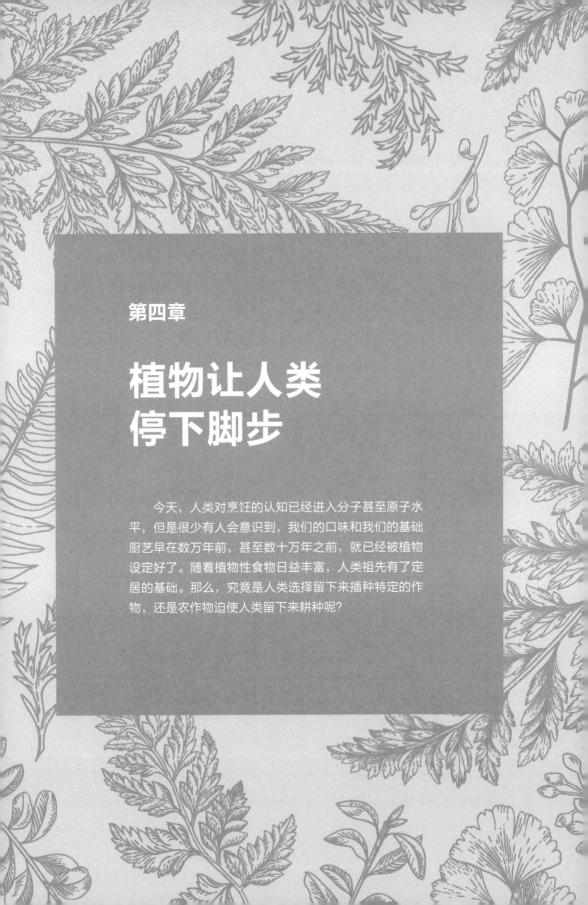

第四章

植物让人类
停下脚步

今天，人类对烹饪的认知已经进入分子甚至原子水平，但是很少有人会意识到，我们的口味和我们的基础厨艺早在数万年前，甚至数十万年之前，就已经被植物设定好了。随着植物性食物日益丰富，人类祖先有了定居的基础。那么，究竟是人类选择留下来播种特定的作物，还是农作物迫使人类留下来耕种呢？

　　我还清楚地记得 2007 年 3 月 29 日，那天多云。我和一个女生来到北京市朝阳区一个不起眼的小楼里，从包里掏出身份证和户口本，在一番审核、拍照之后，我们拿到了两本双生子一样的证书。是的，这就是我同妻子去领结婚证的整个流程。在这个流程中必须有两个证件，那就是身份证和户口本。

　　今天，在中国，从出生开始，到上学、结婚、买房子、生孩子都要用到一个证件，这个证件就是户口本，一个证明自己身份的文件。

　　户口本上有一栏叫"籍贯"，也就是我们通常所说的老家。随着社会经济发展，人口流动性增大，我们对老家的感情也在逐渐发生变化。比如，我儿子的籍贯仍然是"山西平遥"，但是从出生到现在他只去过那里一次。但毫无疑问的是，在中国古代数千年的发展进程中，籍贯是一个非常重要的概念。老家是哪里的？这个问题的答案决定了一个人被一群人接纳的程度。

　　人为什么有老家？这本身就是一个值得探讨的问题。而有老家的基础就是在一个地方长时间地定居生活。对今天的人来说，定居是个习以为常的生活方式。但是，对于从非洲出发，追逐猎物穿过欧亚大陆，然后进入美洲大陆的人类祖先而言，突然选择一个地方盖起窝棚，不再迁徙，并不是一个自然而然的结果。

　　人类究竟为何定居下来，不再迁徙？定居一定是件美好的事情吗？我们得从植物身上寻找这些问题的答案。

河姆渡文明的房屋

　　对人类祖先而言，突然选择一个地方盖起窝棚，
不再迁徙，并不是一个自然而然的结果。

定居的代价是什么？

早期的人类学家认为，人类定居是为了获得更充足、更丰富的食物——通过耕种作物和饲养牲畜可以获得稳定的食物供给。简单来说，就是农民比猎人吃得要好。但是在最近几十年的研究中，新发现的诸多证据彻底推翻了上述理论。研究表明，早期农民的营养水平显著低于同时代的猎人和采集者。

通过对现存仍然处于采集和狩猎阶段的人群的营养来源进行分析，科学家发现，渔猎采集方式不仅可以获取更多能量，并且在营养搭配上也显著优于原始农耕群体。早期农民只能依赖有限的作物生存，多数人只能以小麦、水稻、玉米和马铃薯这类单一作物为食。对于他们而言，吃肉是一件极其奢侈的事，因为没有足够的粮食来喂养动物。

相比之下，狩猎采集的饮食更为丰富，来自植物的嫩叶和浆果、来自动物的肉和蛋，再加上各种蘑菇（可食用真菌）都会出现在他们的菜单之上，蛋白质、脂肪、碳水化合物以及各种各样的维生素供给充足。

在特定的生活环境中，选择农耕生活会提高生存下去的概率。而促使人类停下脚步的仍然是植物。

很多考古证据都为上述研究提供了佐证。那些最早进入农耕阶段的人群，大多营养不良，牙齿磨损的程度也非常高，这都是作物单一化惹的祸。

更麻烦的是，农夫的工作时间并没有因为耕种而缩短，反而大大延长了。在《人类简史》中，作者列举了不同生活状态下人们的平均工作时间：发达国家为每周 40 ~ 45 小时，发展中国家为每周 60 ~ 80 小时，而在卡拉哈迪沙漠中从事狩猎采集活动的人，每周只需要工作 35 ~ 45 小时。尽管沙漠中的自然资源相当贫瘠，但是狩猎采集者享受的休息时间显然要比农耕者多得多。

换句话说，最早的农耕人群实际上是主动选择了一种近乎自虐的生活方式。

那么为什么还有人愿意选择定居生活呢？答案仍然是效率。在特定的生活环境中，选择农耕生活会提高生存下去的概率。而促使人类停下脚步的，仍然是植物。

持续的热量供给为何如此重要？

在上述对比中，研究者其实忽略了一个最关键的因素——获取食物的时间特点。是不是出门就能采集到美味浆果？是不是上山就能捕获野兽？这对人类生存其实是一个巨大的考验，如果存在获取食物的空窗期，那会带来极大的风险。

如今，地球上仍然有一些以采集和渔猎为生的族群，不过他们大部分都生活在热带区域或者毗邻海洋的地方，当然也有一些生活在温带区域的人群。然而，这些族群需要占据大面积的山林、草原或海洋，以确保一年四季都能获得稳定的热量来源。简单来说，要想稳定地过狩猎采集的生活，必须依赖丰富的自然资源。

在生物多样性最高的热带区域，只要记住不同区域果实成熟的时间，了解不同动物的生活习性，并有效利用每一种自然资源，就能在其中安居乐业。当我们观察西双版纳的傣族饮食就会发现，很多微毒的植物（比如紫葳科的海船）也会被纳入食谱当中。这是因为热带雨林虽然物产丰富，但在局部和短时间内仍会表现出资源稀缺的特性。

　　温带区域的动植物资源虽然相对较少，但是大量的海洋生物为人类提供了生存基础，再加上一些驯养的食草动物（驼鹿等），完全可以满足狩猎者对食物的需求。于是，因纽特人在这些地方很好地生存了下来。

　　除了上述典型的自然资源丰富的区域，地球上还有很多四季分明，并伴随极端天气的地方。在这些地方，狩猎采集的弊端就显现出来了。与吃不饱相比，完全吃不上饭的风险更大，对繁衍的影响也更严重。对于包括人类祖先在内的所有生物而言，"好死不如赖活着"是一条金科玉律。我们会在自然界看到很多不合理的设计，但是这种设计通常也与低风险紧密相关。

　　随着人口不断增长，稳定的食物供给会成为一个逐渐凸显的问题，即便有庞大的兽群可以给人类提供充足的蛋白质和热量，但是如果兽群具有迁徙的特性，那么在兽群离开时如何满足食物需求？更不用说因为特殊气候，导致兽群推迟到来的情况了。所以，人类祖先就追着兽群穷追猛打，一路冲过白令陆桥进入美洲大陆，然后又一路向南把大地懒之类的巨兽变成了烤肉。

　　那么，有什么比一种稳定且可以长期储存的热量来源更有吸引力呢？而自然界恰好提供了这样的选项，那就是植物的种子。在之前的章节里，我们已经分析了植物种子在塑造人类历史中发挥的一些作用，比如使用火让营养更容易吸收，成为稳定的热量来源。大量的植物籽粒显然对人类具有极大的吸引力。

早期的人类发现，有些地方会定期长出谷物，并且那些不小心撒掉的谷物也会长出幼苗，这相当于为人类祖先提供了稳定的食物来源。于是，人类的祖先选择与这些谷物相伴生活，并通过人为手段（拔草）帮助它们战胜其他植物，从而获得更多的籽粒。这不就解决了人的温饱问题了吗？

然而，人类的意愿只是促使定居行为出现的必要条件之一，并不是充分条件。人类之所以开始定居，真正的原因还在植物身上，是植物的诱惑让人类变成了今天的样子。人类的定居是以不出家门的种子为基础的。

采集种子为何如此艰辛？

去马来西亚旅行，最不能错过的活动就是吃榴梿。在马来西亚，吃榴梿颇有讲究，最好吃的榴梿应该是树上成熟后自然跌落的，而且要在跌落之后的 12 小时之内品尝，才能尝到真正的榴梿美味。

在雨林中，整个树冠层都是密密匝匝的叶片，每一棵植物

都在努力寻找能接受到阳光的空间，几乎没有为开花结果预留太多空间。此外，雨林中的树冠层距离地面非常高，并不利于动物为它们传播花粉和种子。所以，很多雨林植物选择在粗大的主干上开花结果，比如榴梿、波罗蜜和多种榕树便是如此。

老茎结果有一个好处，就是可以容忍果实长得很大而不把枝条压断。榴梿的果实长度可达 30 厘米、直径超过 15 厘米，这样的果实显然无法挂在细细的枝条上。更不用说波罗蜜的巨大果实了，有些波罗蜜的果实可以长到 1 米长，直径超过 30 厘米。

虽然榴梿和波罗蜜的果柄都很粗壮，但是成熟的果实依然会跌落地面。还好这个过程通常发生在夜间和清晨，再加上榴梿果园中很少有人游逛，所以榴梿伤人的新闻并不多见。虽然如此，我走过榴梿树的时候也仍不自觉地瞟几眼头顶的榴梿。

果熟榴梿落是榴梿传播种子的必经阶段，毕竟像红毛猩猩这样身手矫健的榴梿爱好者在雨林中并不多，只有把成熟的榴梿果子扔到地面，其中的种子才有可能被动物连同果肉一起吞下去，然后开始自己的旅行。

几乎所有的中国小学生都学过一篇课文——《植物妈妈有办法》。苍耳妈妈给孩子穿上带刺的铠甲，让它们挂在动物的皮毛上去远方旅行；蒲公英妈妈给孩子准备了降落伞，只要有风，孩子就可以远走天涯。其实，当植物种子成熟时，它们的妈妈总是迫不及待地把它们扫地出门。"瓜熟蒂落"这个词，就是说当植物果实完全成熟的时候，会自然而然地脱离植物体，带着植物种子去进行一场奇妙的旅行。

苦瓜传播种子的方式很特别。苦瓜的种子未成熟时，苦瓜的皮是苦的，这其实是在警告那些打算偷嘴的动物别来打扰种子。等苦瓜种子成熟了，穿上坚硬的种皮外套后，苦瓜就会换上另一副面孔：成熟的苦瓜果子会裂开，里面的每个种子都会穿上红红的、甜甜的、多汁的外套。那些喜欢吃甜食的鸟儿根本无法抗拒这种诱惑，于是苦瓜种子便搭乘鸟儿的翅膀去旅行了。

与苦瓜同属葫芦科的喷瓜更是如此，这种植物的果实在成熟之后也会发生变化：果肉会变成液体。整个果子就像一个压力容器，只要轻轻一碰，果实就会与果柄分离，种子会随着液态的果肉喷洒出去。

至于禾本科的作物就更不用说了，它们的种子通常是成熟一粒脱落一粒，成熟一批脱落一批。这就给采集者带来了麻烦，选择何时采集成了一个难题。如果每天去收获一点，采集者消耗的热量很可能要比收获的还多。

直到今天，我们仍然会面对这样的麻烦事，比如收集绿豆。熟悉菜市场的人一定都知道，绿豆的价格要比黄豆、芸豆、花生高出不少。这种差异并非来自产量或种植难度，而是来自绿豆的采摘特点。为了便于储藏，农夫必须在绿豆完全成熟的时候采摘，但是绿豆一旦成熟豆荚就会炸裂，豆子落地后

　　成熟的苦瓜果子会裂开，里面的每个种子都会穿上红红的、甜甜的、多汁的外套，吸引那些喜欢吃甜食的鸟儿吃下它们，然后它们就能搭乘鸟儿的翅膀去旅行了。

便难以收集。更麻烦的是，即便是同一个绿豆植株，不同豆荚的成熟时间也不尽相同。收获绿豆并不能像收获黄豆那样使用大型机械，而必须依靠人工仔细挑选，这就是绿豆价格高昂的原因之一。

对于人类祖先而言，那些随时脱离植物母体的种子是没有价值的。幸好还有一些对"孩子"不离不弃的植物妈妈，它们的种子即使成熟了也很难脱落。正是这种特征，为最早的农夫提供了定居的机会。

人类定居竟然与种子有关?!

世界上有超过 1 万种禾本科植物，为什么人类偏偏选择了水稻、小麦、谷子、大麦、燕麦、黑麦和玉米这寥寥数种作为作物？尽管这些作物的籽粒在口味、大小和产量上各不相同，但是它们有一个共同的特征，那就是成熟后的籽粒都会老老实实地待在谷穗上。正是这一特征，促成了原始农业的诞生。

正如前文所述，野生植物都在费尽心机传播自己的种子，野生稻也不例外。它们的种子成熟时会自动脱落，顺着水流漂到很远的地方开疆拓土。然而，这显然不是人类喜欢的特性。

在长期的采集过程中，我们的祖先注意到了一些谷粒愿意留在枝头的水稻，于是开始从降低落粒性的角度驯化水稻。

2015 年，中国科学院国家基因研究中心的韩斌研究员和他的博士生周艳、吕丹凤，以及其他研究人员，进行了一项研究：将野生稻 W1943 的第四号染色体导入栽培稻"广陆矮 4 号"体内，得到了表现出极易落粒的水稻材料 SL4。之后，科研人员利用辐照育种技术对 SL4 水稻进行 γ 射线照射。在这些突变的水稻中，出现了两个完全不落粒的突变体——shat1 和 shat2。这两个突变体都不能形成离层，因此种子成熟后需要很大的拉力才能将其从小枝梗上分离。落粒基因 SH4 促进 shat1 在离层的表达，反过来 shat1 也起到维持 SH4 在离层表达的作用，二者在离层的共同持续表达对于离层的正确形成至关重要。qSH1 作用于 SH4 和 shat1 下游，通过维持 shat1 和 SH4 在离层的持续表达，促进离层的形成。

这项研究使用了一种巧妙的方法——寻找落粒抑制突变体（Suppressors），来发现新的水稻落粒调控基因，同时将其与已知的落粒调控基因联系起来。人类对水稻落粒基因有了新的认识，而正是类似的基因突变，让谷粒留在了稻穗之上，也最终留住了人类，让人类成为这些植物的服务供应商。

基因突变让谷粒留在了稻穗之上，也最终留住了人类，让人类成为这些植物的服务供应商。

人类的肤色为何会发生变化?

公元前 716 年，埃及人迎来了他们的新法老。尽管他的穿戴和威严的气质与之前的法老别无二致，但路旁迎接法老的人群一眼就能看出新法老的独特之处——他的皮肤是黑色的。这位来自努比亚的新法老开启了埃及历史上的第二十五王朝，这也是古埃及历史上唯一由黑皮肤统治者管理的王朝。

传统的观点认为，人类之所以肤色不同是为了适应不同区域的日照强度。简单来说，就是涂上了不同指数的"色素防晒霜"。人类皮肤中的黑色素是对抗阳光中紫外线的绝密武器。

我们的近亲黑猩猩其实拥有白皮肤，它们用浓密的毛发充当"防晒霜"，而人类在演化过程中抛弃了大部分毛发，因此不得不依赖黑色素来抵御赤道附近的强烈阳光。直到今天，赞比亚、中非共和国等地的居民仍然保持着非常黑的肤色。

大约 3 万年前，当我们的智人祖先离开赤道，奔向高纬度地区的时候，大家都是一身的黑皮肤。随着人类的足迹逐渐延伸到了北方的高纬度地区，日照强度越来越弱，阳光也变得越来越温和，防晒不再是迫切需要解决的问题，那肤色就可以随意了。如果真的可以如此解释，那么深色皮肤可能会像我们不需要的阑尾那样，最终变成一种痕迹器官。

然而，事情并没有这么简单，肤色不仅影响防晒，还与维生素 D 的合成密切相关。维生素 D 对人体的发育，尤其是骨骼生长，有着不可替代的作用。有的学者认为，人类之所以变白，就是为了获得足够的维生素 D。但是，这个解释依然很牵强，因为食物中含有大量的维生素 D，即便不晒太阳，人类也不一定会缺乏维生素 D。说到底，人类肤色转变的主要原因是，人类在小麦的引诱下定居了下来。

科学家通过分析人类肤色基因发现，欧洲人的皮肤是在距今 1.9 万～1.1 万年之前才终于变白的，而在美国《科学》杂志（Science）上的另一篇论文更是把这个时间精确到距今 6000年～5300 年前。这段时间恰好是农业起始，人类从猎人变为农民的时代。

很多朋友可能有这样的错觉：农民有固定的收成，猎人打猎靠运气，因此农民的餐桌自然要比猎人的餐桌更稳定，食物也更丰富。但是实际情况恰恰相反，早期的农民都是看天吃饭，不仅没有稳定的收成，收获的粮食也非常单一。就在猎人吃着炖山鸡、烤野兔和野果子的时候，早期的农民只能想办法把麦子粒做得更好吃，以便勉强下咽。

更糟糕的是，食物的单一化，特别是动物性食物的匮乏，导致早期农民极度缺乏维生素 D。幸好，上天给了人类一个备

用的解决方案——晒太阳。只要皮肤接触阳光，就能合成维生素 D，于是这些农夫的肤色开始变得越来越浅。

说到底，人类肤色转变这件事，背后的"导演"竟然是以小麦为首的粮食作物。农耕导致的营养不良和维生素 D 缺乏，才是人类祖先肤色变浅的真正原因。

时至今日，我们的食物再次变得多样化。而较深的肤色恰恰能提供比白皮肤更多的保护。在不同肤色人群中，皮肤癌的发病率有着显著差异，特别是红发色的人会更容易患上皮肤癌，因为他们体内缺乏阻挡紫外线的真黑色素，只有替代品褐黑素。

黄种人在晒太阳的时候，真黑色素和褐黑素是同时增多的。虽然黄种人被晒后会变黑，但是与那些晒成小麦色的白种人相比，患皮肤癌的概率却小得多。你说到底谁更幸运呢？

此外，有些人担心过度防晒可能会影响维生素 D 的合成，其实这个担心是多余的。因为现如今，食物极大丰富，已经可以为人类提供大量的维生素 D，再加上一些规律的日常活动，完全不用担心会缺乏维生素 D。

随着食物构成和加工方式的改变，我们的身体也在不断地调整。最典型的例子是脚气病——一种因为缺乏 B 族维生素导致的疾病。

如果论营养，高蛋白的大米算是升级版，那糙米就是补充版。糙米有多少营养呢？很久之前，我听外婆讲过一个故事：

"有一个孝顺的媳妇，独自伺候婆婆。这个善良的女子每天都煮糙米粥，然后把米捞给婆婆吃，自己只喝米汤。结果，婆婆变得骨瘦如柴，而媳妇却容光焕发。"于是，我很听话地把小碗里的米汤都喝干净了。现在想来，这对婆媳可能是第一对 B 族维生素摄入实验的对照组，并且得出了可靠的结论——水溶性的维生素 B 对人体的健康至关重要。如果这个故事属实，那恐怕要比 1886 年发现米糠可以治疗脚气病的荷兰医生克里斯蒂安·艾克曼早得多。

如今，这个发现被宣传得神乎其神，于是越来越多的人开始关注糙米。在贵州的山区里，我专门尝过那些没有精磨的米，那种口感真的会让人打消端起饭碗的欲望。据说，糙米的维生素 B_2 含量是精米的 7 倍，看似差异巨大，但是 100 克精米的维生素 B_2 含量最多只有 0.06 毫克，等量糙米中的维生素 B_2 含量顶多 0.42 毫克，而 100 克猪肝里的维生素 B_2 有 2 毫克之多，完全不在一个数量级。要想补充维生素 B_2，还不如来碗猪肝粥，口感又好量又足。

还好，我们的食物来源已经极大丰富了。从蔬菜、肉蛋中获取的维生素，已经远远多丁米糠中的那一丁点儿。我们终于不用再忍受米糠了。

我们为什么不换一换作物？

人类定居之后，开始有机会选择产量更高的粮食作物。然而，问题也随之而来：地球上有超过40万种植物，而人类选择的常规作物不超过150种。

《人类简史》中阐述了一个简单的道理：生活方式的改变并非瞬间完成，而是在点滴之间逐渐完成的。在从狩猎采集向农耕过渡的过程中，获取食物的效率实际上会降低。原因很简单：在工具和技术条件一定的情况下，如果把时间平均分配给打猎和农耕，结果很可能是既没有捕捉到足够的猎物，田里的庄稼也因为缺乏照料而被杂草淹没。

我们可以把不同的生产模式想象成一组山峰，山峰的高度代表了获取能量的效率，虽然山峰高低错落，每种生产模式的最高效率不尽相同，但是毫无疑问的是，一旦攀爬到一定的高度，很少有人愿意再返回效率低下的"洼地"，即使另外一个山峰看起来更美好。因为在绝大多数情况下，贸然转变生产模式，带来的结果都可能是致命的。我们只能沿着既定的生产模式走下去，包括驯化的作物也是如此。

如果放弃已经培育成百上千年的作物，转而选择全新的物种开始培育，就如同回到山下的洼地。即便之前培育的作物产量并不高，甚至经过人类的努力也无法提高其产量，但是与野生植物相比，这些作物仍然为人类提供了稳定的食物来源。

史军老师说

人的皮肤颜色主要受遗传和环境影响。遗传决定了基础肤色，不同种族基因差异使黑色素细胞功能和数量有别。环境方面，紫外线强度是关键，长期日照多的地区，会导致皮肤产生更多的黑色素，以对抗紫外线侵袭。

第五章

植物让人类
联合起来

　　植物，特别是禾本科作物，在人类定居过程中发挥
了重要的作用；而成熟不脱落作物个体的出现，为人类
定居提供了必要条件。在人类选择定居之后，作物对于
人类的塑造并没结束，为了获得更高的产量、提高能量
获取效率和丰富的营养，人类开始联合起来营建宏伟的
水利工程，并形成了新的社会组织关系。

　　我出生在山西南部的一个小县城。20世纪80年代，正值信息化时代到来的前夕，当时的中国正处于改革开放的发展初期，物资相对匮乏。在我的童年记忆中，玩具并不常见。父母在力所能及的范围内努力满足我的愿望，从红白机到变形金刚都能摆在我的小屋里面，但相对于今天让人眼花缭乱的抖音、快手和游戏App，我们的娱乐地点几乎都与土地相连。

　　小伙伴们最喜欢干的一件事就是模仿大人把一块空地上的碎砖乱石都清理干净，松土刨坑之后种上从家里偷偷摸来的各种种子——玉米、大豆、绿豆、葵花子和马铃薯，不同的小地块属于不同的小团体，浇水和捉虫成了比赛项目，至于施肥就算了，毕竟没人愿意像祖母那样从公厕的粪窖里捞出粪水，还要兑水稀释之后才浇到菜畦旁边。然而随着时间的推移，大家对"游戏"的热情也渐渐消退，通常在农作物完全被杂草吞没之前，收获的季节才会到来。捧着那些比"种薯"还要少的马铃薯，大家都异常开心，共享丰收带来的喜悦。

　　这种童年游戏容易让人产生一种错觉：似乎每个人都可以靠开垦田地生活下去。只要有种子、有土地，勤勤恳恳地侍弄庄稼，任何人都可以在世界的任何角落生存下去。再加上读了《鲁滨孙漂流记》，更是让人坚信，人类是可以战胜自然的，哪怕只有一个人，只要有足够的智慧和坚持，就一定能丰衣足食，创造美好的生活。

　　然而，这种想法显然是天真的，在人类历史上有这种想法的人被一次次啪啪打脸。实际上，因为农作物有着的特殊的生长需求，需要多人协作才有可能完成一些不可能的任务，而这样的工作也极大地影响了人类的组织结构。直到今天，我们仍然能从作物身上看到人类社会最初形成的原因。

童年记忆中的娱乐地点几乎都与土地相连。

105

欧洲殖民者的美梦为何变成了噩梦？

在众多描写地理大发现的故事中，总是弥漫着英雄主义的浪漫色彩。在西方文学家的笔下，这段历史被描绘成欧洲人征服世界的冒险故事，充斥着黄金白银和美女英雄的桥段。最初登陆北美洲的英国殖民者，怀揣着一夜暴富的梦想，毕竟看着西班牙人把一船船的白银和黄金从美洲运回欧洲，英国人又怎能不动心？

然而，现实是残酷的。1607 年到 1624 年间，英格兰向弗吉尼亚运送了超过 7000 人，然而活下来的人不足 20%，也就是说，每 10 个人当中就有 8 个人死去。死亡的原因是多方面的。比如，缺乏足够洁净的饮用水，各种蚊虫和疾病的侵扰，以及当地印第安人的威胁。但毫无疑问，缺乏充足的粮食供给是大量人员死亡的重要原因。

最初来到北美殖民地的英国人，一直被饥饿的阴影所笼罩，只能依靠欧洲送来的补给，以及与印第安人交换来的玉米勉强度日。这些殖民者显然没有鲁滨孙那样的好运气，他们播撒的那些从欧洲带来的作物种子，并没有带来足够好的收成。

北美殖民地最终能够良好运作，其实得益于烟草的大量种植。这种作物为殖民地带来了丰厚的贸易利润，这是最初登陆美洲的英国人始料未及的。

玉米是一个典型的例子。玉米有没有营养？答案当然是肯定的。就像小麦和水稻一样，作为植物的籽粒，玉米中也蕴含着大量的营养物质，以满足种子萌发所需。其中最主要的成分就是淀粉，新鲜玉米中所含的碳水化合物占干物质的74%，还有9.4%的蛋白质，与大米和小麦基本相当，甚至略高。如今，玉米已经成为特别重要的粮食作物，作为粗粮也被推崇备至。然而，玉米并非一种完美的食物。且不说上文提到的烟酸释放问题，单就对血糖的影响而言，也不像人们想象的那么温和。新鲜玉米的 GI 值是 70（葡萄糖的升血糖值为 100），属于中高 GI 值的食物。所以，千万不要被其略显粗糙的口感误导，一定要注意控制摄入量，以免带来不必要的麻烦。

玉米营养丰富，早在 8000 年前就已经被美洲的玛雅人作为主食了。然而，当最初登陆美洲的欧洲殖民者把玉米当作唯一主食时，各种怪病接踵而至。初期只是消化不良、食欲不振、腹泻，接着很多人的皮肤出现了红斑，如同被烈日暴晒过一样，烧灼感和瘙痒感让人难以忍受，甚至有人出现幻视、幻听、精神错乱。当时的人们认为这是受了诅咒，其实是典型的烟酸缺乏症的表现。换句话说，就是这些欧洲殖民者吃玉米吃到营养不良了。

　　那为什么吃了8000多年玉米的印第安人都活得好好的呢？相较于水稻和小麦，玉米有一个先天的劣势：如果不经碱性溶液处理，玉米籽粒中所含的烟酸就无法释放出来。这一特性使得那些依赖玉米为食的人因为缺乏这种特殊的维生素而罹患糙皮病。好在中国人的食谱丰富多样，无形当中解决了这个大麻烦。

　　隐藏在背后的根本原因是，欧洲人带来的作物并不能很好地适应北美殖民地的环境。欧亚葡萄在美洲根瘤蚜的强大攻势面前根本没有生存的机会，最初种下的小麦种子收成也不理想。只有欧洲人带来的蚯蚓在北美大陆迅速繁衍，成为生态系统中重要的组成部分。

　　这一切发生的原因其实很简单：今天我们熟悉的所有农作物对于生活环境都有着独特的需求。

为什么农业都起源于大江大河流域？

　　最早的农业都是起源于大江大河流域，中国的黄河、印度的恒河、埃及的尼罗河、巴比伦的底格里斯河和幼发拉底河，这些河流滋养了人类早期的文明。文明诞生在相似的区域，绝对不是偶然事件，因为这些区域有促进农业发展的天然优势——土壤肥沃、灌溉便利。只有生产出充足的粮食，文明才能高速发展。

中国人对土地有着一种不一样的感情，因为我们有着悠久的农耕历史和深厚的农耕文化，对植物也有着更深刻的理解。要想种好一棵植物，最重要的事情就是做好浇水、施肥和松土工作。这三件看起来很简单的事情背后，其实有着非常多的学问。

我们先来说浇水。许多人都有这样的经历：虽然努力浇水，可仙人球还是慢慢皱缩干枯；或者为了省事把秋海棠的花盆泡在浅浅的水盆里，结果弄得叶片脱落，花怒人怨。这些好心的养花人还一脸委屈：不过是说植物都喜欢水，为啥它们不领情呢？

简单来说，这些做法就是把植物往死里淹。没错，花花草草喜欢水，但是它们也喜欢空气。别忘了，土壤中的根系也需要呼吸。水分过多势必会影响土壤中的空气分布，导致根系不能正常呼吸，积累乳酸、乙醇等有害物质，长此以往轻则代谢紊乱，重则根系腐烂。比如，番木瓜的根系在水里浸泡 24 小时后，就会发生不可逆的损伤。

此外，有些植物（比如各种兰科植物、杜鹃花等）的根系中还住着重要的真菌盟友，它们是为植物提供矿物质和水分的后勤官。这些真菌不会游泳，一旦它们被淹死，那花草就难以

要想种好一棵植物，最重要的事情就是做好浇水、施肥和松土工作。这三件看起来很简单的事情背后，其实有着非常多的学问。

存活了。

于是，很多人恍然大悟：一定要等到花盆里的土干透才能浇水。但是也有例外，像薄荷这样的植物需要充足的水分供应，等土干了再浇水，就等着收获一盆干土吧。当然，保持土壤湿润不是让大家在花盆里面和稀泥，如果是水和土混成了淤泥状，恐怕只有莲藕之类的水生植物才会喜欢。总的来说，即便是喜欢阴湿的植物，花盆里的土壤也要保持疏松透气，水分才能够排出，空气也能够进入，腐殖质含量高的土受植物青睐在很大程度上也是这个原因。

再来说说施肥。自然界中看起来到处都是营养来源，我们在生物课上都学习过，自然界可以进行物质循环。很多人认为将茶渣倒入花盆是个挺好的废物利用手段，甚至让人有种"变废为宝"的快感。但是，大家一定要注意，植物可不是动物，植物的根系根本无法吸收糖类、蛋白质等有机物，氮磷钾之类的无机矿物才是它们的粮食。别说是茶渣，即便是牛奶和鸡蛋，也不能直接成为肥料，因为不管是脂肪还是蛋白质，这些营养物质都不能通过植物根系为植物提供营养。

茶渣不仅不会为花草提供营养，还可能惹麻烦，因为很多真菌和虫子都在盯着它们，这样一来花盆就变成了小型菌物培养场，这些活跃的生物会无差别地分解纤维素、蛋白质，甚至伤害植物的根系。即便是茶渣肥料，也要经过发酵，待真菌分解纤维素后，剩余的矿物质才能发挥作用。只是，在家中堆肥

显然不太现实。

大江大河流域恰恰解决了上述问题，既满足了作物的生长条件，又为人类提供了充足的食物，最终成为文明的摇篮。首先，江河附近的水资源，完全可以满足农业用水的需求，在水泵等设备发明之前，利用降雨和江河地表水灌溉，几乎是农业生产的唯一选择，邻近江河意味着充足的水资源得以保障。

最后说说土壤。大江大河流域土壤肥沃，适宜耕种。黄河、尼罗河、恒河、底格里斯河和幼发拉底河以及它们的支流，都是典型的季节性河流，在雨季来临的时候，上游的动植物残骸和粪便会被洪水裹挟着冲到下游，而这些动植物残骸和粪便已经在上游区域积累了一年，彻底发酵成了农作物喜欢的肥料，自然可以让庄稼茂盛生长。

还有一个非常重要的原因，那就是淤泥形成的土壤特别适合小麦、大麦、水稻和小米这些人类早期驯化的作物。沙质土不仅有良好的透水性，还能维持基本的养分和水分供给，更重要的是可以满足这些禾本科作物根系的生长要求。沙质土中布满了细小的孔洞，可以满足植物根系呼吸的需求。

充足的水源、肥沃的土壤、适宜的生长环境，加上人类清除了那些争夺养分的杂草，使得大江大河附近成为良好的生存区域。不过，随着人口增长，最初大河流域的肥沃土地显得越来越有限，向不那么优渥的土地要粮食，就成了必然选择。那么，在这个时候，水和肥料的问题又该如何解决呢？

古代农夫如何破解缺肥难题？

　　如今，土壤肥力的问题早已不是困扰种植者的核心问题。化肥已经成为解决植物生长问题的基本方法，全球化肥生产和消费总量都在稳步增长。从 2002 年到 2014 年，全球化肥消费量由 1.97 亿吨增长到 3.09 亿吨，整体上升了 56.7%。其中，美国和中国加起来几乎占到世界化肥消费量的一半。

　　相对应地，世界粮食产量也从 1945 年的 6.9 亿吨，猛增到 1998 年的 20.33 亿吨，2019 年更是达到了 27.1 亿吨，2020 年全世界谷物产量为 27.65 亿吨（包括大米），比 2019 年增加了 5800 万吨，创历史新高。毫不夸张地说，现代农业是建立在一座座化肥厂的基础之上的。如果没有化肥，我们根本无法解决粮食生产问题。

　　那么，在没有化肥的年代，农夫们又是如何解决肥料问题的呢？选择那些自带"肥料工厂"的植物，无疑是一个非常明智的选择。

　　在绝大多数情况下，水分和矿物质营养是制约植物生长的两个关键因素，而在矿物质营养中，氮肥尤为重要。氮元

素是氨基酸、蛋白质和核酸的组成部分，对植物生长的重要性不言自明。然而，自然界中真正存在于土壤里的氮元素并不充裕，除了被雨水冲刷流失的部分，还有很多氮元素会在反硝化细菌的作用下重新变成氮气，释放到大气中去，这就是为什么在大气中氮气的占比高达78%，但是在土壤中氮肥依然稀缺的原因。

在植物世界里，出现了很多为自己补充氮元素的植物。比如，茅膏菜、捕蝇草和猪笼草，它们会通过捕捉动物来获取足够的氮元素。植物这样做也是不得已而为之，毕竟"制造"捕捉动物的陷阱也要消耗大量的能量。于是，有些植物就另辟蹊径，开始利用大气中的氮气制造自己需要的肥料，它们就是固氮植物。

大豆、紫云英和刺槐等豆科植物是最典型的固氮植物。但是，固氮植物本身并不具备固氮能力，用氮气制造肥料还得靠与之共生的固氮菌。固氮菌中的固氮酶能够将分子氮还原成氨。固氮酶由两种蛋白质组成：一种是含有铁的铁蛋白，另一种是含有铁和钼的钼铁蛋白。只有铁蛋白和钼铁蛋白同时存在，固氮酶才能发挥作用。在三磷酸腺苷酶（ATP）提供能量的前提下，固氮菌可以在固氮酶的催化下，利用氮气制造出氨。这个过程看似简单，实则非常复杂。要知道，在化工厂中，合成氨需要在20兆帕到50兆帕的高压和500℃的高温下才能顺利进行。与之相比，生物固氮的超强能力不言自明。

作为回报，植物为固氮菌提供了特殊的生存场所——根瘤。固氮菌与植物形成了共生关系，即便是在土壤贫瘠的地方，拥有固氮菌支持的植物仍然可以茁壮成长。聪明的农夫在很久之前就发现，在休耕的农田中大量种植紫云英，可以为土壤补充氮元素，让土壤重新变得肥沃，紫云英因此有了一个新的名字——绿肥。

杨梅也有与豆科植物类似的本领，它们的根部同样长有根瘤，生活在其中的是一些特殊的放线菌。杨梅科植物是最古老的根瘤固氮植物，生活在根瘤中的放线菌可以利用空气中的氮气合成氨。特别是在氮肥浓度低的土壤中，根瘤的重量会增加。

但是，人们不能只靠杨梅和豆类为生。况且，给人们提供主要能量的水稻、小麦和小米都不具备固氮的能力。为了解决这个问题，人们创造性地发明了保护地力的休耕轮作制度。所谓休耕就是让土地休息，以此来恢复地力。在休耕的地块上，农夫会种植紫云英这类绿肥，为未来的耕种打下良好的基础。

休耕绝对是个迫不得已的做法，随着人口的增长，可供休息的土地越来越少。于是，人们创造性地发明了起垄耕种的技术。从西汉中期开始，"起垄做圳"成为新的耕种模式，并延续至今。我们今天看到麦田中一垄一垄的种植方式，是要让垄间的那些耕地（称为"圳"）处于休息状态，等下一年耕种时，互换垄与圳的位置，这样就能最大限度地提高土地的利用效

麦田中一垄一垄的种植方式，是
要让垄间的圳处于休息状态，这样能
最大限度地提高土地的利用效率。

率。在这个基础上，通过调整不同作物的轮换耕种来保护农田土壤。

在土地和肥料的问题基本解决之后，还有一个最大的难题，那就是水。

如何解决水量分布不均的问题？

中国的农业发展与水利工程建设始终捆绑在一起。春秋战国时代，水利建设就开始了。这与中国的自然条件是紧密相连的，因为中国所处的地理环境决定了我们需要大量水利工程来支持农业生产。

植物需要的水并不是平均分配在生长期的每一天，而是有着明显的用水高峰。比如，小麦在播种期、分蘖期、小花分化期和灌浆期，就需要大量水分。在中国华北平原，播种期通常是在9月中旬到10月中旬，分蘖期在越冬之前，小花分化期在次年的3月中旬到4月中旬，灌浆期在4月下旬到6月初，特别是灌浆期，小麦对水的需求量是极大的。

那么，问题来了，这几个时间段，恰恰是黄河流域降水偏少的时间段。这样的供需矛盾就只能靠人类来解决了。

　　中原文明的起源区域就集中在黄河支流的"三河"区域，即汾河和涑河下游的河东、伊河和洛河流域的河内以及济水上游的河南。通过有规划地修建灌溉水渠，我们的祖先有效解决了农田的灌溉问题。从商周时期开始，人们就在这些区域修建引水灌溉系统，形成了"浍、洫、沟、遂"等不同等级的渠道，相当于今天的干渠、支渠、斗渠、农渠和毛渠。

　　那么，我们的祖先为什么不在黄河干流区域定居呢？答案很简单：黄河进入平原地区后，流速变缓，混在河水中的泥沙沉降堆积，导致河床不断抬高。在形成肥沃农田的同时，黄河也成了最容易泛滥的河流。公元前 602 年～公元 1946 年，黄河决口泛滥 1593 次，发生较大改道 26 次，其中重大改道就发生了 6 次，黄河"三年两决口，百年一改道"的特点因此形成。

　　在享受黄河带来的富足的同时，中国人也一直在与黄河的水患抗争。在这个过程中，无论是疏浚工程，还是堤岸修筑加固工程，都需要众人齐心协力才能完成。

　　同样的问题也出现在长江和淮河流域。这里水资源充裕，日照充足，可以满足农作物生产的需求。因此，在宋朝之后，这里便成为中国重要的粮食生产基地，"湖广熟，天下足"的名句也流传开来。然而，这个区域也是洪涝灾害最为严重的区域。水稻种植和生长的关键期，恰逢长江和淮河流域的汛期，而水稻喜欢的生长环境恰恰是特别容易被洪水侵袭的湿地环境。兴修水利工程就成了中国人必须要做的事情。

今天，当我们站在都江堰的堰头，仍能感受到当年李冰父子主持修建都江堰时候的盛况。尽管关于工程主持者究竟是谁，仍然有一些争议，但毫无疑问的是，这个浩大的工程并非一家一户可以完成。都江堰的主要分水建筑——鱼嘴，长80米，最宽处39.1米，高6.6米；鱼嘴堤坝向下游延伸，形成金刚堤，内堤长650米，外堤长900米；加上"宝瓶口"和"飞沙堰"工程，在没有大型机械，甚至缺乏金属工具的战国时期，修建的难度可想而知。从公元前256年～公元前251年，都江堰修建期间，消耗的人力物力已无法准确统计。但从后来的修缮维护数据中可见一斑：蜀汉时，诸葛亮设堰官，并"征丁千二百人主护"，这仅仅是每年维护都江堰所需的劳动力。如果没有强有力的管理体系和足够的向心力，都江堰这个让成都平原变身"天府之国"的工程绝无可能建成。

我们再把目光投向西南山地的哈尼族梯田。在这里，农夫把山坡改造成梯田，山上的溪流注入山腰宛如明镜的梯田中，秋季收获的稻穗滋养了这里的文明。毫无疑问，这样的梯田需要众人齐心协力才能建成，而每个参与梯田建设的农夫都会从这样的集体协作中收获希望。

我们应该看到的是，中国人选择了谷子和水稻，而水稻也选择了中国人。正是因为水稻需要大规模的水利工程的建设，才促使中国人选择集体协作的生活方式。这些与植物有关的水利工程，极大地促进了中国人大规模的协作关系。

水稻喜欢的生长环境恰恰是特别容易被洪水侵袭的湿地环境。兴修水利工程就成为中国人必须要做的事情。中国人选择了谷子和水稻，而水稻也选择了中国人。

运河如何促成大一统?

值得注意的是，粮食作物不仅通过水利设施的需求让中国人聚集在一起，还通过南北流通，进一步让整个帝国紧密地连接起来。

在大统一理念的指导下，中国历朝历代都高度重视帝国各个区域的交通建设。汉武帝征服南越国后，开凿了灵渠，从而沟通了珠江和长江水系。

开凿大运河不仅是对版图所有权的强调和展示，更是在帝国的版图之内建设起联通各地的交通大动脉。然而，受限于交通条件，最初中央对地方的控制并没有完全实现。尽管灵渠在连接长江和珠江水系方面发挥了巨大作用，但直到隋炀帝开凿大运河，南北方的物流才真正畅通起来。而对水果等易腐货物来说，官道和驿站的建设才是保证流通的基础。经过历代的持续建设，才有了杨贵妃吃荔枝的物流基础。

更重要的是，大运河的修建使南北方的货物开始大规模流通。来自南方的漕粮开始供应北方，让南北方建立起一个稳固的纽带。在明代，全国农民缴纳的漕粮赋税会分配给地方

政府、西北边防部队、南京、北京四处。从 1415 年开始，明朝的这些漕粮主要通过运河运输。可以说，漕粮运输成就了运河，而运河又把中国南北方紧密结合在一起。而这一切的起点，归根结底还是水稻。

水利工程的修建、大规模梯田的建设，以及沟通南北的运河的修建，都与中国的大统一向心力密不可分。直到今天，我们仍然以黄河和长江这两条母亲河为豪，而这两条母亲河也决定了我们祖先的集体生活方式，当然也铸造了今天中国人万众一心的朴素理念。

一方水土养一方人。如今，我们的生活中依然遍布植物给我们留下的印记。中国人喜欢抱团，我们都热爱并支持大统一的国家，这些习惯早在我们的祖先选择谷子和水稻作为主要粮食的时候，就已经注定了我们要团结地生活在一起。

史军老师说

维生素是人体维持健康必需的物质。维生素参与身体多种代谢过程，比如维生素 A 能维持视网膜的正常功能，维生素 C 能维护胶原蛋白的功能，维生素 D 与钙吸收直接相关，维生素 E 与动物繁殖密切相关。缺乏任何一种维生素，都可能引发相应疾病，影响身体正常功能。

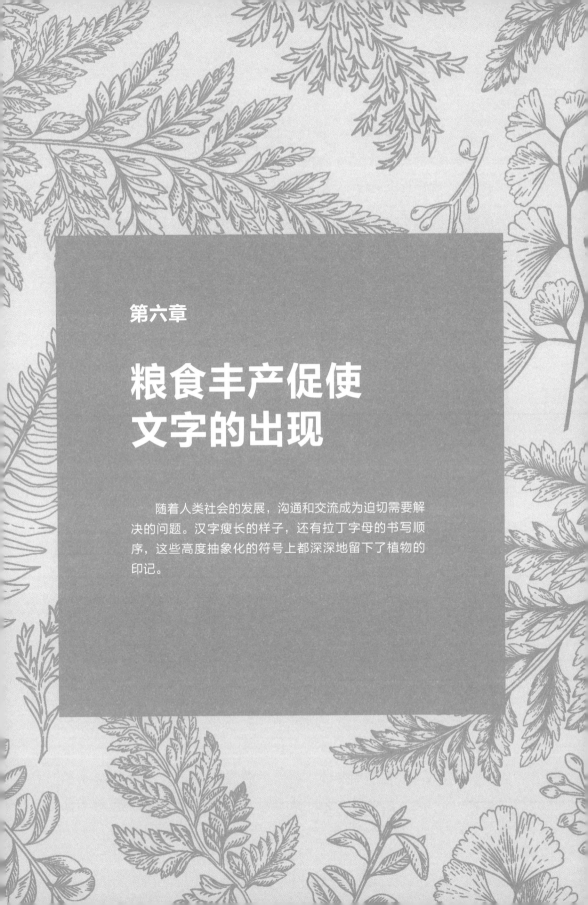

第六章

粮食丰产促使
文字的出现

随着人类社会的发展，沟通和交流成为迫切需要解决的问题。汉字瘦长的样子，还有拉丁字母的书写顺序，这些高度抽象化的符号上都深深地留下了植物的印记。

　　大家去台北故宫博物院参观，都不会错过三个物件——翡翠白菜、肉形石和毛公鼎。这三件被戏称为"酸菜白肉锅"的顶级展品，可以说是今天台北故宫博物院最吸引人的展品。不过，这三件展品的热度也是冷热有别，翡翠白菜和肉形石的展柜前面永远挤满了观众，需要保安维持参观的秩序，而毛公鼎展柜前的疏导路线却形同虚设，因为根本没有那么多人来观赏这件藏品。

　　毛公鼎是周宣王年间（公元前828～公元前782年）所铸造的青铜鼎，腹内刻有500字金文册命书，字数为举世铭文青铜器中最多。鼎内的金文提到周宣王在位初期，想要振兴朝政，于是命叔父毛公暗（一说是毛公歆）处理国家大小事务，又命毛公一族担任禁卫军，保卫王家，并赐酒食、舆服、兵器，毛公感念周王，于是铸鼎纪事。

　　台北故宫博物院的老师告诉我，如果论价值，毛公鼎的研究价值要远高于翡翠白菜和肉形石，因为后者充其量就是天然的底子加上手艺，带来了不一样的视觉观感。但毛公鼎上的文字，却是我们了解古代周王朝生活的重要记录，甚至对于我们重新认识中国历史都具有重要的意义和价值，但为什么观众在看到这些文字的时候并没有欣喜若狂的感觉呢？

　　如果是因为毛公鼎上的金文宛如天书，我们无法理解，从而产生了天然的距离，那么当你在看到这段文字的时候，有没有因为自己能理解这些错综复杂的符号而自我惊叹呢？似乎并没有，如今，使用文字进行学习和交流已经成为我们日常生活的一部分，我们似乎已经忘了，这种行为出现在地球上的时间不超过 1 万年。

人类使用文字，其实是一个异常特别的行为。我记得在 20 世纪 90 年代，我们的课本上依然写着"使用工具和语言是人类区别于动物的主要特征"，如今，新的发现和研究早已颠覆了我们的认知，正如我们在前面讨论过的，黑猩猩、乌鸦等诸多动物都会使用工具，而语言更是很多动物的交流手段，甚至不同地域的鸟类的鸣叫声中也会带有明显的口音，这些例子都说明，使用语言和工具并不是人类独有的能力。但是用文字来记录和传递语言信息，这在地球上还是独一份。

毛公鼎是周宣王年间所铸造的青铜鼎，字数为举世铭文青铜器中最多，是了解古代周王朝生活的重要记录。

125

为什么会出现文字？

　　什么是文字？著名汉语言学家、北京师范大学的王宁教授说过："只有那些用于记录语言的符号才能被叫作文字。"如果与语言不相关，即便绘制得再精细，表现得再丰富，那也只是叙述故事的绘画或者记录信息的符号而已。只有跟语言紧密联系在一起的符号，才是真正的文字。

　　这一点很容易理解，在动物世界中，虽然也有动物会在树干或者岩石上留下记号，甚至还有能表达信息的独特鸣叫声，但是这些符号和鸣叫声并不能建立起关系。就算是人类早期的岩画在与语言建立起直接联系之前，也不能被称为文字。

　　那么，人类为什么要创造文字，文字为什么会越来越多呢？在《人类简史》中，作者尤瓦尔·赫拉利有了精辟的见解：因为人类的大脑并不是为了记录精确信息而生的。我们的大脑更多时候是在处理诸如果实的形状和颜色，果子分布的大概区域等模糊化的信息。如果要让我们记住每天三餐都吃了多少种食物，分别是几种动物、几种植物，那就成了不可能完成的任务，更不用说吃下去食物的准确数量了，我们根本不会记得上顿饭吃的米饭有多少粒、比萨的尺寸是多大，抑或是昨晚洗澡的时候究竟用了多少毫升的洗发水。

但是在人类的大规模生产和协作出现之后，精确记录就成了一个必须去做的事情。究竟是谁让数据暴增，究竟是谁让语言变得丰富？当然还是植物这个幕后主使者。

我们今天看到的人类最早在泥板上留下的记录并不是对自然的赞叹，也不是对爱情的咏唱，而是粮食的数量。

在这种符号出现之前，人类就可以利用植物绳索来记录信息了，换句话说，结绳记事才是最早的人类文字的雏形。

用一根绳子就能记录信息？

结绳记事可以说是人类最早记录信息的方法。有的朋友可能会说，岩画和壁画不也是一种记录吗？虽然我们可以从岩画和壁画中获取很多当时人类活动的信息，但是要注意的是，这些绘画创作并不是与精确信息和语言直接相关的。

事实上，我们完全可以用绳子来记录所有的信息，因为今天在计算机中处理的信息都是以 1 和 0 两个数字的编码存在的。理论上，我们只要有足够长的绳子，在绳子上打两种不同

的绳结，就能存储任何我们想要的信息。不管是人类历史，还是相对论，甚至是宇宙大爆炸以来发生的任何事情，都可以记录在这根绳子上。如果把绳结的种类扩充到 4 种，那么可以存储的信息更是多到惊人，就连设计图纸都可以放在这样的绳索之上。

实际上，大自然早就发现了这个秘密，控制人类身体建成和运行的复杂信息，就存储在一条条脱氧核糖核酸（DNA）分子之上，DNA 上有 4 种碱基——鸟嘌呤、腺嘌呤、胸腺嘧啶和胞嘧啶，它们相当于不同的绳结，通过不同的组合排列，就能储存海量的生物信息。不管是耳朵如何生长，还是眼睛如何感受光线，所有这些人体运行的信息就都储存在 DNA 的序列当中。

人类的行为也证明用这种方法是行之有效的，结绳记事的信息容量其实远超我们的想象。这种做法不仅可以有效记录一个家庭的信息，甚至关于国家运转和管理的信息都可以有条不紊地记录在绳子上。当西班牙人来到美洲的时候，印加帝国的原住民仍然在使用结绳语言记录大大小小的信息、处理各种政务。这个拥有 10 万以上人口的大帝国运转良好，结绳语言功不可没。

既然结绳语言可以如此便捷地记录和传递信息，那为什么人类还要发明符号化的文字呢？其中一个主要的原因仍然出在与我们朝夕相伴的植物身上。

人类为什么需要历法?

在中国，我们习惯把尘封往事都叫作老皇历，提及过去的事情叫翻老皇历。老皇历究竟是什么呢? 所谓老皇历就是一本指导人们活动的时间表，与我们今天使用的日历没有多大区别，唯一不同的是老皇历是统治者颁布的。相传中国最早的历法是黄帝制定的，所以被称为老黄历。从唐朝开始，官方明确规定，历书必须由皇帝审定后才能发布，并且只有官方才能印发，不准民间私印，人们又把黄历称为"皇历"。那些更换下来的旧皇历是不能随意损毁的，需要妥善保存，于是就成了老皇历。在古代中国，老皇历大概是绝大多数人唯一接触的有文字的纸张。

那人类为什么需要历法呢?

在人类进入农耕社会之后，种植更是需要越来越精确的时间，这点在人类被农作物"圈定"之后，就成了必然会发生的事情。

每年芒种时节，来到中国长江流域，你会看到一派忙碌的景象——抢收夏粮、抢种秋粮，所以也被简称为"双抢"。为

什么会有"双抢"出现呢？人口逐渐增多之后，人类必须提高粮食产量，这就需要尽可能提高土地的利用效率。北方的两年三熟，南方的一年两熟，甚至一年三熟就是增产增效的做法。在种植水稻之前，中国的标准耕作模式是种植油菜或者小麦。

需要注意的是，农作物生长有自己的规律周期，比如在我国南方种植的水稻的生长周期是 100～120 天，而甘蓝型油菜的生长周期在 200 天以上，再算上一些不能进行耕作的时间，要想充分利用田地，并不是一件简单的事。

随之而来的就是对于时间的精准要求，特别是在芒种时节，要考虑收获油菜籽粒的成熟程度，因为成熟度不足会影响得到的油料的数量和质量。但是我们也不能任由油菜无限制地在田中生长，还必须考虑播种水稻的时机，如果水稻不能在入冬前成熟，就将面临减产甚至绝收的风险。

正是因为连续耕种时不同作物的生长时间有冲突，我们的祖先创造性地发明了水稻育秧技术，这样不仅可以保证水稻栽种的效率，更是在很大程度上延缓了时间冲突。毕竟在育秧棚里生长的秧苗，不会去抢占田地，为田里的油菜和小麦争取了成熟时间，同时也缩短了水稻占用田地的时间。

即便如此，芒种时节前后的半个月仍然异常繁忙，一旦错过时间窗口，一年的心血可能就会付诸东流。什么时候播种，什么时候收割都需要精准的时间控制。于是，编制历法、预报农时就成了一个非常重要的行为，甚至可以说是事关生死的行为。

历法的制定必然建立在对天象物候的长期观察记录和总结的基础之上，在这个过程中会产生大量的数据，以及丰富的经验，这些信息必须保存在可靠的载体上，文字恰恰是一个不错的选择。在《说文解字》中，隶属"木"部、"竹"部和"草"部的文字多达 1227 个，这些与植物相关的文字占到书中记载文字总数的 12%，这足以说明，在汉字诞生初期，记录各种植物信息是这种文字的重要使命之一。

植物如何塑造汉字的长相？

除了历法的必需性，我们还需要注意的一点就是老皇历的颁布者——皇帝。在君权神授的古代，如何完美阐述作为最高统治者的合理性，历法是关键的一环，而相关的解释文字也会被认真地记录和传播。至于那些被最高统治者分封的王公贵族也需要陈述自己接受权利的合理性，而我们看到的毛公鼎上记录的恰恰就是这样的文字信息。

传统的结绳记事会在明确记载海量信息时碰到问题，虽然用不同颜色、不同材质的绳子也可以完成复杂的信息记录，但

是中国人选择了不同的方式，那就是用符号化的文字来解决这个问题。

关于汉字的流变，学界普遍接受的观点是，最早的汉字是刻在牛骨和龟甲上的甲骨文，然后是刻在金属器物上的金文，最后才出现了写在竹简上的篆书，继而演变成了隶书、行书和楷书。

不过，著名汉字字体设计师严永亮老师并不认同上述观点。

严老师认为，不管是甲骨文还是金文，几乎所有的文字都是从右向左、从上向下书写和阅读的，而且这些文字的形态都是瘦长形的，这个跟拉丁字母和单词的书写方式有着本质区别。这种区别并不是偶然产生的，很可能与当时的书写材料密切相关。简单来说，就是推测在甲骨文和金文出现的时候，中国人主要的书写材料就已经是竹简和木牍了，正是这样长条形的载体确定了中国文字的长相。

毫无疑问，植物是人类记录文字的最佳材料。虽然龟甲和青铜器更容易长时间保存，但是这并不便于反复阅读和传播，所以刻写在这些介质上的文字，更多的是对祭祀和占卜信息的实时记录，或者是重要的礼仪性文字。

今天，我们在云南的西双版纳还能看到植物介质的书写材料——傣族使用的贝叶经。贝叶棕的叶片经过切割、整形、压平后，变成了形态规则的长片，人们使用刻刀就可以在上面记录文字，穿钉成册的贝叶，便成了傣族世代相传的信息载体。

有趣的是，贝叶经的书写方向就是从左向右、自上而下，与我们今天熟悉的阅读方向是一致的，而且贝叶经中的傣文大多有着扁且长的形态。

虽然我们习惯把汉字称为方块字，但是确切来说，我们的汉字都有着优美的瘦长身形。这种形态恰恰与竹简和木牍的使用密不可分。

实际上，如果我们观察甲骨文和金文，就会发现这些早期的汉字都是瘦长形的。如果在汉字形成初期，我们的祖先就用这些板状物来记录文字，那么汉字的字体和字形应该更类似于傣文或者我们今天熟悉的拉丁字母组成的单词。然而，从甲骨文一直到后来的隶书和楷书，汉字一直维持着瘦长的形态。这只能说明一个问题：在汉字形成初期，就是从上到下写在一个长条形的介质上的，而这个介质很可能就是竹简和木牍。也就是说，特定的书写空间决定了汉字的长相和书写顺序。

更有意思的是，书写汉字的工具——毛笔，很可能在甲骨文或者金文时期就已经被人们使用了。毫无疑问，书写工具对义字形态有着极大影响。古代巴比伦的楔形文字是用木片在湿润的泥板上刻画而成的，所以组成文字的部件都形如木头楔子。反观中国的甲骨文和金文，都有着复杂而圆滑的线条，这种线条显然和楔形文字直来直去的刻画方式有着本质区别。很可能是先形成了圆滑的文字符号之后，之后才被刻在龟甲、骨

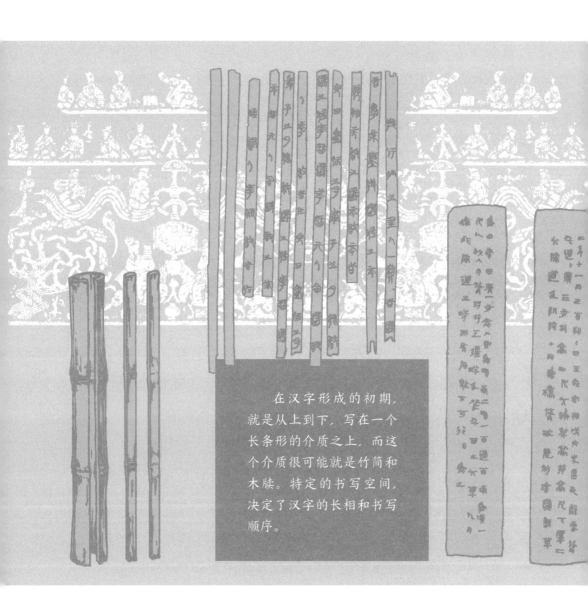

在汉字形成的初期，就是从上到下，写在一个长条形的介质之上，而这个介质很可能就是竹简和木牍。特定的书写空间，决定了汉字的长相和书写顺序。

头或者青铜器之上，而书写这些文字符号的工具自然与植物有着密不可分的关系。换句话说，在甲骨文出现的时候，中国人很可能就已经在使用类似毛笔的工具来书写文字了。

实际上，直到魏晋时期，竹简仍然是与纸张和丝帛并列的书写材料。成语里的"韦编三绝""学富五车""汗牛充栋"，描述的都是人们使用竹简的场景。"学富五车"说的是读了超过五牛车装的竹简，"汗牛充栋"则是指搬运和储存的竹简数量庞大。当我写到这里的时候，不由自主地瞥了一眼键盘旁边储存容量为 32G 的优盘和 1TB 的硬盘。

在 GBK 编码下，一个汉字通常会占用 2 个字节（byte）的空间，理论上我们可以做一个简单的推算，1KB 等于 512 个汉字，1MB 等于 524288 个汉字，而 1GB 容量可以储存 536870912 个汉字，考虑到存储文件格式的问题，存储设备的实际容量会略小于标注的容量，即便如此，一个 32G 的优盘也足够存储约 1.6 万册百万字小说。如果在我的优盘和硬盘里面存满文字内容的文档，在我有生之年肯定无法读完，更不用说一卡车这样的优盘和硬盘能存储多少信息和知识了。

虽然今天你在阅读这本书的时候，看到的文字顺序已经改变，承载文字的介质也早就不是竹简，汉字的长相也与两千年前完全不同，但是汉字的基本形态依然影响着我们今天汉字的使用。

蔡伦造的是什么纸?

为什么最初的文字不是记录在纸张之上呢?因为最初的造纸工艺存在致命的缺陷,用这种工艺造出的草纸缺乏必要的强度和光洁度,很难成为有效的书写材料。虽然东汉时期的蔡伦改进了造纸的方法,得到了比较适于书写的纸张,但是直到魏晋时期,竹简仍是重要的书写材料,原因还是当时绝大多数纸并不适于书写。

那么,适于书写的纸是什么样子的呢?在回答这个问题之前,我们需要明确纸张的结构——看似一个整体的纸张实际上是由很多条植物纤维"堆砌"而成。纸张以植物纤维为主要成分,辅以填料、胶料和色料等,经过加工形成薄膜状的纸。造纸的基本原理是:把木材或废纸中的纤维散布在水中,让纤维处于被水分子包围的状态,然后通过过滤、上下两面加压脱水、加热干燥等步骤除去水分。在此过程中,纤维细胞间的水分子被去除,而纤维分子之间形成了许多氢键,从而形成纸张。

一般情况下,纸张遇水不会发生化学反应,仅产生物理形变。我们常见的纸张遇水褶皱现象，主要是构成纸张的纤维伸缩引起的。纸张被水浸泡时，水分子会破坏连接纸纤维的氢键，导致纸张膨胀，这是一个与造纸相反的过程，因为纤维分子间的氢键被切断了。当浸过水的纸张自然干燥时，纸张会收缩，纸纤维间的氢原子在没有压力的情况下自由组合，使很多氢键连接的位置与之前不同，所以湿了的纸干了后会变皱。

值得注意的是，形成纸张的这些植物纤维之间并不是严丝合缝的，会存在小的空隙，也有坑洼不平的地方，这些结构会使光线在纸张表面发生漫反射效应，使得整张纸看起来是白色的。

即便没有显微镜，我们也可以用简单的实验来理解纸张的结构。比如，在纸张上涂抹水或者油，就会发现我们能透过这样的纸张看到下面的字迹。这是因为水和油填充了植物纤维之间的空隙，降低了漫反射效应，促进了光的透射。此外，纤维素的某些基团还可能与水或者油结合，改变空间结构，进一步提高光的透射比率，所以纸张才有了透明的感觉。

话说回来，要想提高纸张的光洁度，就需要纯净且纤细的植物纤维，一些树皮中含有发达纤维的植物就成了重要的造纸原料。比如，枝干能够打结的结香，就是非常高级的造纸原料。

换句话说，造纸原料之所以能成为造纸原料，就是因为它

造纸原料之所以能成为造纸原料，就是因为
它们能提供丰富、细腻且高品质的植物纤维。

们能提供丰富、细腻且高品质的植物纤维。结香所属的瑞香科植物恰恰是有名的纸张原料提供者，瑞香科植物包括瑞香、白瑞香（雪花皮）、结香（三桠皮）、滇结香（柳构皮）、荛花（雁皮或山棉皮）、丽江荛花、江北荛花、狼毒和芫花，都是有名的造纸原料。

在我国历史上，特别是南方地区出现了很多以瑞香科植物为原料的著名纸张，比如产自云南省腾冲市的腾冲宣纸、纳西族的东巴纸、四川的雪花皮纸，以及西藏地区特有的狼毒纸等。由于瑞香科植物纤维独特的性质，这些纸张比桑皮纸和构树皮纸更加光滑细腻，甚至具有丝质般的触感。此外，楮树和构树也因为纤维素含量极高、纤维长且强度大，成为中国古代宣纸的重要原料。

时至今日，我们的造纸原理与 2000 年前蔡伦使用的方法并没有本质区别，但是现代纸张的使用性能已经与那时完全不同。现代纸张越来越厚实，很难透过铜版纸看到下一页的字迹，这是因为现代纸张不仅纤维密度更高，还添加了很多填料（比如在造纸过程中加入的碳酸钙）。这些填料不仅能使纸张"洁白无瑕"，还降低了纸张的透明度。

纸张的发明极大地推动了信息的积累和传递，而印刷术的发展让人类有了更多学习的机会。在绳结、文字、符号、纸张这些外部信息系统的加持之下，人类大脑的潜能得以最大限度地发挥，更多基于既有知识的创造性工作不断涌现。从中国古

代四大发明的传承到工业革命中蒸汽机的推广，从达尔文的进
化论到袁隆平的杂交水稻，人类的进步始终依赖于记录信息的
文字。

史军老师说

　　DNA 就像生命的"秘密图纸"，藏在每个细胞里，决定你是单眼皮还是双眼皮、爱不爱吃香菜……这条双螺旋"项链"由四种碱基串成，排列组合的方式千变万化，让每一位"80 亿分之一"都独具个性。有趣的是，人类和香蕉的 DNA 相似度竟高达 60%！所以，下次吃香蕉时，可以调侃："我在吃我的远房表亲！" DNA 不仅是遗传密码，更是连接所有生命的奇妙纽带。